Die asynchronen Wechselfeldmotoren

Kommutator- und Induktionsmotoren

Von

Prof. Dr. Gustav Benischke

Mit 89 Abbildungen im Text

Springer-Verlag Berlin Heidelberg GmbH

1920

ISBN 978-3-662-24245-2 ISBN 978-3-662-26358-7 (eBook)
DOI 10.1007/978-3-662-26358-7

Ursprünglich erschienen bei Julius Springer in Berlin 1920.

Vorwort.

Ich nenne die in diesem Buch behandelten Motoren „Wechselfeldmotoren", nicht Wechselstrom- oder Einphasenmotoren, weil die Drehfeldmotoren auch Wechselstrommotoren sind, und weil ein Wechselfeld nicht nur von Einphasenstrom, sondern auch von Drehstrom erzeugt werden kann. Es kommt also auf das magnetische Feld, nicht auf den Strom an.

Die Wechselfeldmotoren sind meist so behandelt worden, daß ihr Feld in zwei rechtwinklige Komponenten zerlegt wurde. Das gibt verwickelte Rechnungen und unübersichtliche Diagramme. In diesem Buch sind nicht nur die Reihen- und Nebenschlußmotoren, sondern auch die Repulsionsmotoren und die kommutatorlosen Induktionsmotoren als Wechselstromkreise mit ihren wirklichen, unzerlegten Feldern und Bestimmungsgrößen behandelt worden.

Mich hat schon seit meinem ersten Buch immer das Bestreben geleitet, die Darstellung knapp und bündig zu gestalten, und mich von dem Fehler frei zu halten, alles niederzuschreiben, was ich gerade weiß oder aus Zeitschriften und Prospekten zusammentragen könnte. Unter den gegenwärtigen Verhältnissen, wo die Bücherpreise eine unerhörte Höhe erreicht haben, mußte ich den Umfang des Buches so beschränken, daß seine Anschaffung nicht nur einigen, sondern der großen Zahl der auf diesem Gebiete Belehrung Suchenden möglich ist. Infolgedessen mußte die Anzahl der Abbildungen beschränkt werden und alles wegbleiben, was unwesentlich ist oder nur für die wenigen Spezialisten welche solche Maschinen berechnen, von Belang ist.

Zehlendorf b. Berlin, im März 1920.

Dr. G. Benischke.

Inhaltsverzeichnis.

I. Allgemeines.

II. Reihenmotoren.

III. Nebenschlußmotoren.

IV. Repulsionsmotoren.

V. Wechselfeld-Induktionsmotoren ohne Kommutator.

I. Allgemeines.

1. Grundgesetze.

Die gesamte Kraftlinienmenge $\mathfrak{z}$ ($\mathfrak{Z}$) eines Kraftlinienbündels ist gleich der MMK[1]) $4\,\pi\,i\,N$ dividiert durch den magnetischen Widerstand $\mathfrak{w}$, also

$$\mathfrak{z} = \frac{4\,\pi\,i\,N}{\mathfrak{w}}.$$

Hier bedeutet i den Strom in absoluten Einheiten'. Wird i in Ampere ausgedrückt, so tritt 0,4 an Stelle von 4. Hat das Kraftlinienbündel die Länge l, den Querschnitt S und die magnetische Durchlässigkeit (Permeabilität) μ, so ist $\mathfrak{w} = \frac{l}{\mu\,S}$.

Die Kraftliniendichte $\mathfrak{b}$ ($\mathfrak{B}$) ist die Anzahl der Kraftlinien, welche die Flächeneinheit senkrecht durchsetzen, also $\mathfrak{b} = \frac{\mathfrak{z}}{S}$ $\left(\mathfrak{B} = \frac{\mathfrak{Z}}{S}\right)$.

Wirkt auf einen Stromkreis mit dem Ohmschen Widerstand w und der Selbstinduktion L eine Klemmenspannung $k = \mathfrak{K} \sin \omega\,t$, so entsteht ein Strom $i = \mathfrak{J} \sin(\omega\,t - \varphi)$. Die großen deutschen Buchstaben bezeichnen also die Scheitelwerte (Amplituden) der betr. Funktionen. Die von den Meßinstrumenten angegebenen effektiven Werte sind

$$J = \frac{\mathfrak{J}}{\sigma}, \qquad K = \frac{\mathfrak{K}}{\sigma}.$$

Hier ist σ der Scheitelfaktor. Bei sinusförmigen Wellen ist $\sigma = \sqrt{2}$ ω ist die sogenannte Kreisfrequenz: $\omega = 2\,\pi\,\nu = \frac{2\,\pi}{\tau}$, wenn ν die Periodenzahl (Frequenz) in einer Sekunde, τ die Periodendauer bedeutet.

Nach dem Ohmschen Gesetz für Wechselstrom ist

$$J = \frac{K}{\sqrt{w^2 + (\omega\,L)^2}},$$

wobei $\omega\,L$ den induktiven Widerstand darstellt.

Die Phasenverschiebung φ zwischen Strom und Klemmenspannung ist bestimmt durch $\operatorname{tg} \varphi = \frac{\omega\,L}{w}$, also durch das Verhältnis des induktiven zum Ohmschen Widerstand. Ist φ an sich positiv, so eilt der Strom der Spannung nach, ist es negativ, so eilt er voraus.

---

[1]) Abkürzung für: Magnetomotorische Kraft.

Fließt ein sinusförmiger Strom durch eine Spule mit N Windungen, die $\mathfrak{z}$ Kraftlinien umschließen, so induziert er eine EMK[1]) nach dem Gesetz $e = -N \frac{d\mathfrak{z}}{dt}$. Ihr Scheitelwert ist

$$\mathfrak{E} = \omega N \mathfrak{Z} = 2 \pi \nu N \mathfrak{Z} = \omega L \mathfrak{J},$$

Der effektive Wert in praktischen Einheiten ist

$$E = \sqrt{2} \pi \nu N \mathfrak{Z} \cdot 10^{-8} = \omega L J \text{ Volt.}$$

Induziert ein primärer Strom J_1 einen sekundären Strom J_2, so tritt an Stelle von w_1 der äquivalente Widerstand ϱ und an Stelle von L_1 die äquivalente Selbstinduktion λ. Diese sind:

$$\varrho = w_1 + w_2 \frac{(\omega M)^2}{w_2{}^2 + (\omega L_2)^2}$$

$$\lambda = L_1 - L_2 \frac{(\omega M)^2}{w_2{}^2 + (\omega L_2)^2}$$

Dann ist $$J_1 = \frac{K_1}{\sqrt{\varrho^2 + (\omega \lambda)^2}} \qquad \operatorname{tg} \varphi_1 = \frac{\omega \lambda}{\varrho}.$$

Für die primäre und sekundäre Wicklung eines Transformators oder für die Ständer- und Läuferwicklung eines Motors gelten folgende Selbstinduktionen, bezogen auf die zugeordneten hintereinandergeschalteten Windungen N_1 bzw. N_2

für die Streufelder: $$L_{1s} = \frac{4 \pi N_1{}^2}{\mathfrak{w}_{1s}}, \qquad L_{2s} = \frac{4 \pi N_2{}^2}{\mathfrak{w}_{2s}},$$

für die Komponenten des gemeinsamen Feldes:

$$L_{1f} = \frac{4 \pi N_1{}^2}{\mathfrak{w}}, \qquad L_{2f} = \frac{4 \pi N_2{}^2}{\mathfrak{w}}.$$

Die gesamte Selbstinduktion ist

$$L_1 = L_{1s} + L_{1f} = \frac{4 \pi N_1{}^2}{\mathfrak{w}_1},$$

$$L_2 = L_{2s} + L_{2f} = \frac{4 \pi N_2{}^2}{\mathfrak{w}_2},$$

so daß $$\frac{1}{\mathfrak{w}_1} = \frac{1}{\mathfrak{w}_{1s}} + \frac{1}{\mathfrak{w}},$$

$$\frac{1}{\mathfrak{w}_2} = \frac{1}{\mathfrak{w}_{2s}} + \frac{1}{\mathfrak{w}}.$$

Der Koeffizient der gegenseitigen Induktion ist

$$M = \frac{4 \pi N_1 N_2}{\mathfrak{w}} = \sqrt{L_{1f} L_{2f}} = \varkappa \sqrt{L_1 L_2} = \sqrt{1 - \delta} \cdot \sqrt{L_1 L_2}.$$

Hier bedeutet $\varkappa$ den Kupplungsfaktor, δ den gesamten (Behn-Eschenburgschen) Streufaktor. Über die Erweiterung dieser Koeffizienten für unterteilte Wicklungen vgl. S. 19.

[1]) Abkürzung für: Elektromotorische Kraft.

2. Die Augenblickswerte der magnetischen Felder und der elektromotorischen Kräfte.

Wir nehmen für das Folgende immer an, daß das feststehende Gehäuse oder der Ständer die Feld- oder Erregerwicklung trägt, während die sogenannte Ankerwicklung mit einem Kommutator den Läufer bildet.

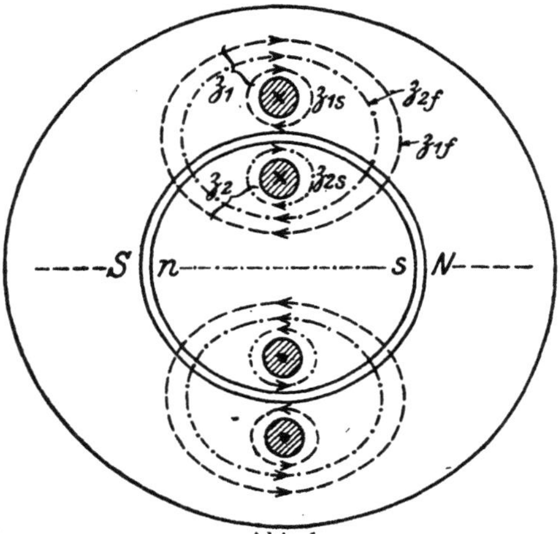

Abb. 1.

Die Wicklung des Ständers wird von einphasigem Wechselstrom durchflossen und erzeugt daher ein periodisch wechselndes magnetisches Feld, dessen Achse durch die Lage der Wicklung festgelegt ist, weshalb diese Motoren als Wechselfeldmotoren bezeichnet werden. Zunächst setzen wir Motoren mit einem Polpaar voraus.

Für den Läufer ist es vorläufig gleichgültig, ob ihm Strom von außen zugeführt wird, oder ob dieser durch Induktion entsteht wie bei den Repulsionsmotoren. Wir bezeichnen alle Größen, die sich auf den Ständer beziehen, mit dem Index $_1$, die sich auf den Läufer beziehen, mit dem Index $_2$.

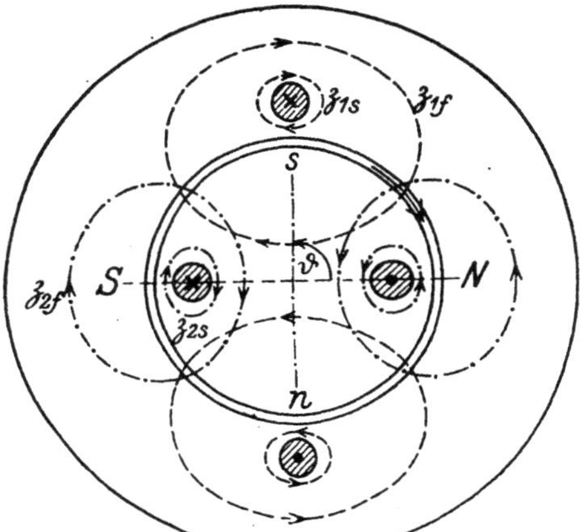

Abb. 2.
— — — — Ständerfeld.
—·—·—· Läuferfeld.

Die Abb. 1 und 2 zeigen schematisch die magnetischen Verhältnisse, wenn Ständer- und Läuferwicklung nur aus einer Windung bestehen. Dabei ist jedes Kraftlinienbündel nur durch eine Linie dargestellt. Abb. 3 zeigt das Ständerfeld, Abb. 4 das Läuferfeld, Abb. 5 das resultierende Feld ungefähr so, wie es bei einem zweipoligen Motor mit ausgeprägten Polen besteht.

Von den Kraftlinien, die der Ständerstrom erzeugt, verläuft der größte Teil $\mathfrak{Z}_{1f}$ durch den Luftzwischenraum und durch den Läufer. Dieser Teil erzeugt hier im Zusammenwirken mit dem Läuferstrom das Drehmoment, weshalb wir es als Triebfeld bezeichnen. Der Rest $\mathfrak{z}_{1s}$ geht nicht durch den Läufer und bildet daher das Streufeld des Ständers. Bei Motoren mit ausgeprägten Polen (konzentrierte

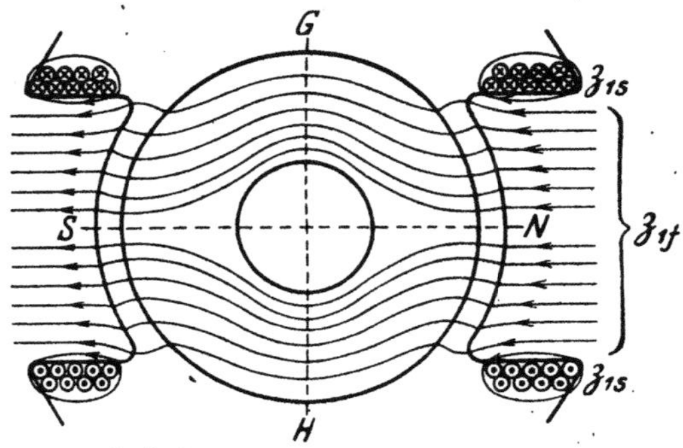

Abb. 3. Das vom Ständerstrom erzeugte Triebfeld $\mathfrak{z}_{1f}$ und Streufeld $\mathfrak{z}_{1s}$.

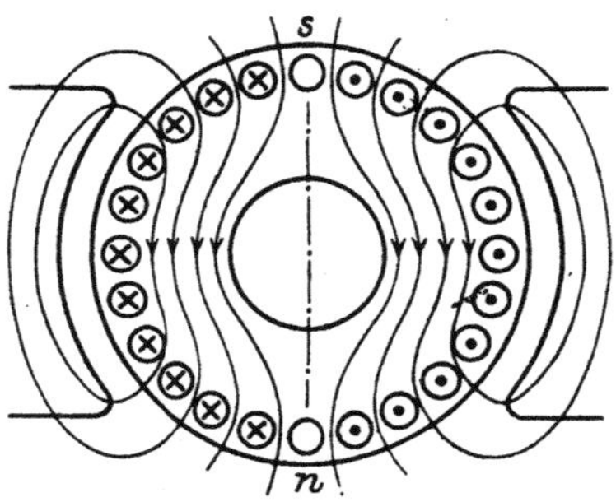

Abb. 4. Läuferquerfeld $\mathfrak{z}_{2f}$.

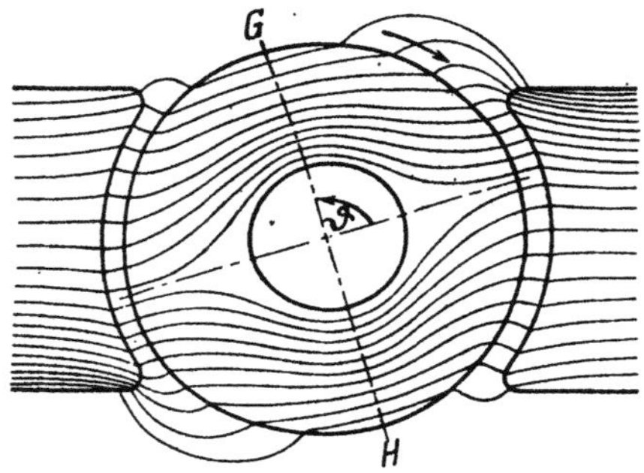

Abb. 5. Resultierendes Feld.

Ständerwicklung) umschließt es die Ständerspulen (Abb. 3). Bei Motoren mit unterteilter Wicklung, deren Windungen in Nuten liegen (Abb. 41—43), verläuft es durch die Zähne[1]). Die Kraftlinien, die der

[1]) In Abb. 1 bis 3 sind die genannten Feldkomponenten als selbständige Felder gezeichnet. In Wirklichkeit besteht nur ein resultierendes Feld von in sich geschlossenen Kraftlinien. In diesem macht sich der Einfluß der Streuung durch Verzerrung der Kraftlinien bemerkbar. Für die Beschreibung und Berechnung der Wirkungsweise muß man aber die Komponenten für sich betrachten. Ihre Form ist jedoch viel verwickelter, als sie gezeichnet werden kann, denn jedes Streufeld enthält Kraftlinien, die mit 1, 2 . . . bis allen Windungen der einen oder der anderen Wicklung verkettet sind. In der Literatur wird vielfach unterschieden zwischen „einfach verketteter", „doppelt verketteter", „Zickzack-Streuung", ja sogar „negativer Streuung". Solche Unterscheidungen entsprechen nicht den wirklichen Verhältnissen, denn zwischen den Streulinien, die mit sämtlichen Windungen der einen Wicklung, aber nur einer einzigen Windung der anderen Wicklung verkettet sind, und jenen, die mit allen Windungen beider Wicklungen bis auf eine einzige verkettet sind, bestehen alle möglichen Variationen und es läßt sich zwischen ihnen keine Trennung oder Gruppierung ausführen.

Läuferstrom erzeugt, zerfallen in gleicher Weise in einen Teil $\mathfrak{z}_{2f}$, der den Luftzwischenraum und den Ständer durchsetzt (Läuferquerfeld), und einen Teil, der das Läuferstreufeld $\mathfrak{z}_{2s}$ bildet.

In Abb. 1 haben Ständer- und Läuferwindungen gleiche Lage und Stromrichtung. Infolgedessen haben auch die magnetischen Achsen des Ständerfeldes und des Läuferfeldes gleiche Lage und Richtung, obwohl die magnetischen Ständerpole NS und die magnetischen Läuferpole $n\,s$ entgegengesetzte Lage haben. Das erklärt sich daraus, daß die Kraftlinien des Ständers erst auf ihrem Rückweg den Luftzwischenraum durchsetzen, während die des Läufers vor ihrer Umkehr den Luftzwischenraum durchstezen[1]). Da bei dieser Stellung die Ständer- und Läuferpole in einer geraden Linie liegen, gibt es kein Drehmoment. Ein solches entsteht nur dann, wenn die magnetischen Achsen einen Winkel ϑ bilden, wie in Abb. 2 und in Abb. 3, 4, die einem Motor mit senkrechter Bürstenstellung ($\vartheta = 90^0$) entsprechen. Bei einer geschlossenen Ring- oder Trommelwicklung ist die Lage der freien magnetischen Pole des Läufers durch die Bürsten bestimmt. Wo der Strom der geschlossenen Wicklung zufließt, entsteht je nach dem Wicklungssinn ein n-Pol oder ein s-Pol, wo der Strom aus der geschlossenen Wicklung abfließt, der entgegengesetzte Pol. Dabei ist es gleichgültig, ob der Läufer stillsteht oder sich dreht, wenn nur die Wicklung zu jedem neuen Kommutatorsegment, das unter die Bürsten tritt, symmetrisch ist. Die Richtung des Drehmomentes ergibt sich aus der Anziehung bzw. Abstoßung zwischen den Ständer- und Läuferpolen. Daher hat es in Abb. 2 die Richtung des Uhrzeigers. Dasselbe ergibt sich aus den in Abb. 3 und 4 dargestellten Feldern, wenn diese in einem und demselben Motor wirken.

Aus dem Ständerfeld und dem Läuferfeld entsteht ein resultierendes Feld (Abb. 5) mit einer dazwischen liegenden Achsenrichtung, die im wesentlichen senkrecht zur neutralen Linie GH ist. In dieser müssen bekanntlich die Bürsten stehen, wenn die Funkenbildung am kleinsten, und die gegenelektromotorische Kraft am größten sein soll. Das resultierende Feld zeigt eine starke unsymmetrische Verzerrung der Kraftlinien, die von der Bürstenstellung und von der Stromstärke abhängt[2]). Ist eine Kompensationswicklung vorhanden, die das Läufer-

---

[1]) Die Ampèresche Regel in ihrer ursprünglichen Fassung kann hier zu einem Irrtum führen. Besser ist die Fassung: „Ein Strom in der Richtung des ausgestreckten Daumens der rechten Hand erzeugt um sich ein Feld in der Richtung der gekrümmten Finger.“ Wo die Kraftlinien aus Eisen in Luft übertreten, entsteht im Eisen freier Nord-Magnetismus; wo sie von Luft in Eisen übertreten, entsteht im Eisen freier Süd-Magnetismus.

[2]) Es ist zu beachten, daß es für die Beurteilung des Drehmomentes auf jene freien magnetischen Pole ankommt, die vom Ständerfeld im Ständer und vom Läuferfeld im Läufer erzeugt werden und nach dem Coulombschen Gesetz aufeinander wirken, oder auf die Ablenkung, die die stromführenden Läuferdrähte im Ständerfeld (Triebfeld) $\mathfrak{z}_{1f}$ nach dem elektrodynamischen Grundgesetz erfahren. Das resultierende Feld kommt dabei nicht in Betracht. Geht man von diesem aus, so läßt sich das Drehmoment nur dadurch erklären, daß man sich die Kraftlinien als elastische Fäden vorstellt, die sich möglichst zu verkürzen

feld vollständig aufhebt, so bleibt als resultierendes Feld im idealen Falle schließlich nur das Ständerfeld (Abb. 3) übrig. In Wirklichkeit gibt es natürlich eine so ideale Kompensation nicht (§ 17).

Für die Erzeugung der EMK in einer Wicklung kommt nur jene Komponente des Feldes in Betracht, die die Windungen senkrecht durchsetzt. Bilden also Ständerfeld und Läuferfeld einen Winkel ϑ miteinander, so ersieht man aus Abb. 6, daß vom Läuferfeld $\mathfrak{z}_{2f}$ nur die cos-Komponente OA in die Achse der Ständerwicklung und vom Ständerfeld $\mathfrak{z}_{1f}$ nur die cos-Komponente OB in die Achse der Läuferwicklung fällt. Das gesamte magnetische Feld des Ständers $\mathfrak{z}_1$ besteht demnach aus den vom Ständerstrom erzeugten Teilen $\mathfrak{z}_{1s}$ und $\mathfrak{z}_{1f}$ und den vom Läuferstrom erzeugten und die Ständerwicklung durchsetzenden Teil $\mathfrak{z}_{2f} \cos \vartheta$, so daß

$$\mathfrak{z}_1 = \mathfrak{z}_{1s} + \mathfrak{z}_{1f} + \mathfrak{z}_{2f} \cos \vartheta \text{ *)} \quad \ldots \ldots \ldots \quad (1)$$

Aus der gleichen Überlegung ergibt sich das gesamte magnetische Feld des Läufers:

$$\mathfrak{z}_2 = \mathfrak{z}_{2s} + \mathfrak{z}_{2f} + \mathfrak{z}_{1f} \cos \vartheta \quad \ldots \ldots \ldots \quad (2)$$

Sind i_1, i_2 die Augenblickswerte der Ströme im Ständer bzw. Läufer, N_1, N_2 die entsprechenden Windungszahlen, so ist

$$\mathfrak{z}_{1s} = \frac{4\pi i_1 N_1}{\mathfrak{w}_{1s}}, \qquad \mathfrak{z}_{2s} = \frac{4\pi i_2 N_2}{\mathfrak{w}_{2s}} \quad \ldots \ldots \quad (3)$$

$$\mathfrak{z}_{1f} = \frac{4\pi i_1 N_1}{\mathfrak{w}}, \qquad \mathfrak{z}_{2f} = \frac{4\pi i_2 N_2}{\mathfrak{w}} \quad \ldots \ldots \quad (4)$$

Hier bedeutet $\mathfrak{w}_{1s}$, $\mathfrak{w}_{2s}$ den magnetischen Widerstand des Ständerstreufeldes bzw. Läuferstreufeldes, $\mathfrak{w}$ den magnetischen Widerstand des gemeinsamen Feldes, das aus $\mathfrak{z}_{1f}$ und $\mathfrak{z}_{2f}$ besteht. Dieselben Formeln gelten für die Scheitelwerte, wenn man die kleinen Buchstaben $\mathfrak{z}$, i durch die großen deutschen Buchstaben $\mathfrak{Z}$, $\mathfrak{J}$ mit den entsprechenden Indexen ersetzt.

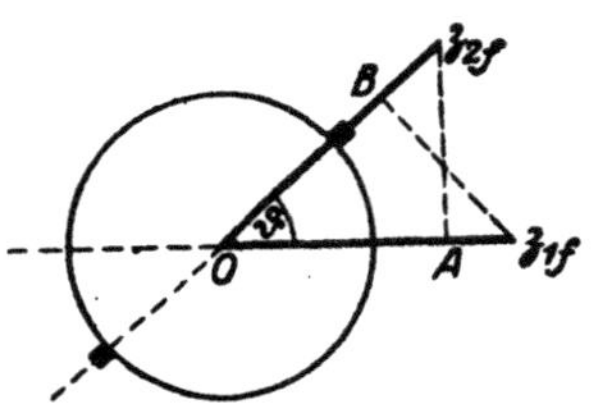

Abb. 6.

Nun gehen die Gl. 1 und 2 über in

$$\mathfrak{z}_1 = \frac{4\pi i_1 N_1}{\mathfrak{w}_{1s}} + \frac{4\pi i_1 N_1}{\mathfrak{w}} + \frac{4\pi i_2 N_2}{\mathfrak{w}} \cos \vartheta \quad \ldots \ldots \quad (5)$$

$$\mathfrak{z}_2 = \frac{4\pi i_2 N_2}{\mathfrak{w}_{2s}} + \frac{4\pi i_2 N_2}{\mathfrak{w}} + \frac{4\pi i_1 N_1}{\mathfrak{w}} \cos \vartheta \quad \ldots \ldots \quad (6)$$

---

streben. Aus Abb. 5 erkennt man dann wiederum ein Drehmoment in der Richtung des Uhrzeigers. Falsch ist es, das elektrodynamische Grundgesetz auf den Läuferstrom und auf das resultierende Feld statt auf das Ständerfeld $\mathfrak{z}_{1f}$ anzuwenden. Das resultierende Feld kommt nur für die Eisenverluste und für die EMK in den mit ihm verketteten Windungen in Betracht.

*) Das Triebfeld $\mathfrak{z}_{1f}$ ist also nicht gleichbedeutend mit dem Ständerfeld $\mathfrak{z}_1$, sondern ist nur ein Bestandteil desselben.

Es ist zweckmäßig, gleich die Koeffizienten der Selbstinduktion einzuführen, nämlich die der Streufelder:

$$L_{1s} = \frac{4\pi N_1^2}{\mathfrak{w}_{1s}}, \qquad L_{2s} = \frac{4\pi N_2^2}{\mathfrak{w}_{2s}} \quad \ldots\ldots (7)$$

und die der Komponenten des gemeinsamen Feldes:

$$L_{1f} = \frac{4\pi N_1^2}{\mathfrak{w}}, \qquad L_{2f} = \frac{4\pi N_2^2}{\mathfrak{w}} \quad \ldots\ldots (8)$$

sowie den Koeffizienten der gegenseitigen Induktion

$$M = \frac{4\pi N_1 N_2}{\mathfrak{w}} \quad \ldots\ldots\ldots\ldots (9)$$

Dann gehen die obigen Gleichungen über in

$$\mathfrak{z}_1 = \frac{i_1 L_{1s}}{N_1} + \frac{i_1 L_{1f}}{N_1} + \frac{i_2 M \cos\vartheta}{N_1} \quad \ldots\ldots (10)$$

$$\mathfrak{z}_2 = \frac{i_2 L_{2s}}{N_2} + \frac{i_2 L_{2f}}{N_2} + \frac{i_1 M \cos\vartheta}{N_2} \quad \ldots\ldots (11)$$

Aus einem magnetischen Felde erhält man die von ihm induzierte EMK nach dem Grundgesetz der Induktion (S. 2). Demnach ist die EMK in der Ständerwicklung

$$e_1 = -N_1 \frac{d\mathfrak{z}_1}{dt} = -L_{1s}\frac{di_1}{dt} - L_{1f}\frac{di_1}{dt} - M\cos\vartheta\,\frac{di_2}{dt} \quad \ldots (12)$$

Beim Läufer ist zu bedenken, daß er sich dreht. L_{2s} und L_{2f} werden davon nicht berührt, weil die Selbstinduktion eines ruhenden oder bewegten Leiters dieselbe ist. Dagegen ändert sich bei der Drehung für jede einzelne Windung der Winkel ϑ, den sie mit der magnetischen Achse des Ständerfeldes bildet, und es entsteht daher nicht nur eine EMK durch zeitliche Änderung des Stromes i_1 wie beim Transformator mit festen Windungen, sondern auch durch Änderung des Winkels ϑ, denn durch die Drehung werden Kraftlinien des Ständers geschnitten, und es entsteht die von den Gleichstrommaschinen bekannte EMK der Rotation. Das letzte Glied in Gl. 11 muß also sowohl nach i_1 als auch nach ϑ differenziert werden[1]); so ergibt sich

$$e_2 = -N_2\frac{d\mathfrak{z}_2}{dt} = -L_{2s}\frac{di_2}{dt} - L_{2f}\frac{di_2}{dt} - M\cos\vartheta\,\frac{di_1}{dt} + i_1 M\sin\vartheta\,\frac{d\vartheta}{dt} \quad . (13)$$

Das letzte Glied ist also die durch das Schneiden der Kraftlinien des

[1]) Es ist vielleicht auffällig, daß ϑ als veränderlicher Winkel der einzelnen Windungen und als konstanter Bürstenstellungswinkel erscheint. Man muß aber beachten, daß durch Einführung des Koeffizienten M die EMKe aller Läuferwindungen summiert worden sind; und da immer neue Windungen unter die Bürsten (mit dem Winkel ϑ) treten, so ist $\cos\vartheta$ für die Summe konstant; während für das Schneiden der Kraftlinien durch die einzelnen Windungen die Änderung des Winkels ϑ in Betracht kommt.

Triebfeldes $\mathfrak{z}_{1f}\cos\vartheta$ entstehende EMK der **Rotation**, die wir mit e_{2r} bezeichnen. Sie ist demnach definiert durch

$$e_{2r} = -N_2 \frac{d(\mathfrak{z}_{1f}\cos\vartheta)}{d\vartheta} \cdot \frac{d\vartheta}{dt} = -\frac{d(i_1 M \cos\vartheta)}{d\vartheta} \cdot \frac{d\vartheta}{dt}.$$

Das vorletzte Glied ist die vom Strome i_1 (bzw. von seiner Feldkomponente $\mathfrak{z}_{1f}\cos\vartheta$) im Läufer durch gegenseitige Induktion induzierte EMK. Bei stillstehendem Läufer und bei gewöhnlichen Transformatoren ist diese allein vorhanden. Wir nennen sie daher EMK der **Transformation** und bezeichnen sie mit e_{2t}. Bei Drehung des Läufers in einem **konstanten** Felde (Gleichstrommaschine) ist e_{2r} allein vorhanden.

Der Differentialquotient $\frac{d\vartheta}{dt}$ ist die Winkelgeschwindigkeit. Wir setzen sie gleichförmig voraus. Dann ist sie bei einem zweipoligen Motor gleich der 2π-fachen Umlaufszahl u des Läufers in einer Sekunde. Bei einem Motor mit p Polpaaren wiederholt sich bei jedem Polpaar derselbe Vorgang des Schneidens der Kraftlinien durch jede Windung, so daß allgemein gilt:

$$\frac{d\vartheta}{dt} = 2\pi p u \quad \text{. . . . .} \quad (14)$$

Für die spätere Rechnung ist es bequemer, eine Beziehung zu der **synchronen Drehzahl** u_s herzustellen, indem wir setzen: $u = v\,u_s$, also

$$\frac{d\vartheta}{dt} = 2\pi p v u_s.$$

Die synchrone Drehzahl u_s (in einer Sekunde) wird hier ebenso wie bei den Synchronmotoren und bei den Drehfeldmotoren definiert durch

$$u_s = \frac{\nu}{p}, \quad \text{. . . . .} \quad (15)$$

wenn ν die Periodenzahl des Stromes und p die Anzahl der Polpaare des Motors bedeutet. Dann ist

$$\frac{d\vartheta}{dt} = v\,2\pi\nu = v\,\omega \quad \text{. . . . .} \quad (16)$$

wobei, wie üblich, $2\pi\nu = \omega$ gesetzt wurde.

Nach obigem ist

$$v = \frac{u}{u_s} = \frac{p}{\nu} u, \quad \text{. . . . .} \quad (17)$$

also das Verhältnis der jeweiligen Drehzahl des Läufers zur synchronen Drehzahl. Bei Stillstand ($u = 0$) ist $v = 0$, bei Synchronismus ($u = u_s$) ist $v = 1$ und bei $u = \infty$ ist auch $v = \infty$[1]).

---

[1]) Da bei Synchronismus $v = 1$ ist, kann man v auch als „Synchronismusgrad" bezeichnen.

Nun ist noch das Vorzeichen des Differentialquotienten $\frac{d\vartheta}{dt}$ zu untersuchen. Ist die Drehrichtung derart, daß die einzelnen Läuferspulen ihren Winkel ϑ mit wachsender Zeit (also bei $+dt$) verkleinern (Abb. 2), so ist $d\vartheta$, also auch der Differentialquotient negativ. Das ist bei den Reihenmotoren und Nebenschlußmotoren der Fall. Bei den Repulsionsmotoren hingegen, die unter sonst gleichen Umständen entgegengesetzte Drehrichtung haben (vgl. § 30), wächst ϑ mit wachsender Zeit (Abb. 64), so daß also der Differentialquotient positiv ist.

Wir führen nun folgende Bezeichnungen für die einzelnen EMKe ein:

Die von den Streufeldern erzeugten EMKe kurzweg Streuspannungen genannt:

$$e_{1s} = -L_{1s}\frac{di_1}{dt}, \qquad e_{2s} = -L_{2s}\frac{di_2}{dt} \quad \ldots\ldots \quad (18)$$

Die von den Feldern $\mathfrak{z}_{1f}$, $\mathfrak{z}_{2f}$ also von jedem Strom im eigenen Stromkreis induzierten EMKe der Selbstinduktion:

$$e_{1f} = -L_{1f}\frac{di_1}{dt}, \qquad e_{2f} = -L_{2f}\frac{di_2}{dt} \quad \ldots\ldots \quad (19)$$

Die vom Felde $\mathfrak{z}_{2f}\cos\vartheta$ bzw. $\mathfrak{z}_{1f}\cos\vartheta$ im anderen Stromkreis induzierten EMKe der Transformation

$$e_{1t} = -M\cos\vartheta\frac{di_2}{dt}, \qquad e_{2t} = -M\cos\vartheta\frac{di_1}{dt} \quad \ldots \quad (20)$$

Und endlich die EMK der Rotation, die nur im Läufer vorkommt, und zwar für die Reihen- und Nebenschlußmotoren:

$$e_{2r} = -i_1\, v\,\omega\, M\sin\vartheta \quad \ldots\ldots\ldots \quad (21)$$

für die Repulsionsmotoren:

$$e_{2r} = +i_1\, v\,\omega\, M\sin\vartheta \;*) \quad \ldots\ldots\ldots \quad (22)$$

Nach diesen Bezeichnungen ist also im allgemeinsten Falle die gesamte EMK im Ständer:

$$e_1 = e_{1s} + e_{1f} + e_{1t} \quad \ldots\ldots\ldots\ldots \quad (23)$$

und im Läufer:

$$e_2 = e_{2s} + e_{2f} + e_{2t} + e_{2r} \quad \ldots\ldots\ldots \quad (24)$$

*) Bei diesen Ausdrücken darf man nicht vergessen, daß nach obigem $v\,\omega = 2\,\pi\, p\, u$ ist, daß also die EMK der Rotation nicht der Periodenzahl, sondern der Drehzahl u proportional ist. Die Abhängigkeit wird nicht durch ω allein, sondern durch $v\,\omega$ bestimmt. Die Einführung von $v\,\omega$ geschieht deswegen, weil v die Beziehung zum Synchronismus angibt, und weil dann in der EMK der Rotation (Gl. 21) derselbe Ausdruck $\omega\, M$ wie in der EMK der Transformation (Gl. 41) erscheint. Dann ist die Berechnung einfacher, weil $\omega\, M = \varkappa\sqrt{\omega\, L_1 \cdot \omega\, L_2}$.

In den Gl. 12 und 13 kann man das 1. und 2. Glied zusammenziehen, nämlich:

$$e_{1s} + e_{1f} = -(L_{1s} + L_{1f}) \frac{di_1}{dt} = -L_1 \frac{di_1}{dt} \quad . \ . \ . \ . \ (25)$$

das ist die gesamte EMK der Selbstinduktion im Ständer.

$$e_{2s} + e_{2f} = -(L_{2s} + L_{2f}) \frac{di_2}{dt} = -L_2 \frac{di_2}{dt} \quad . \ . \ . \ . \ (26)$$

das ist die gesamte EMK der Selbstinduktion im Läufer.

Demnach ist

$$L_1 = L_{1s} + L_{1f} \quad . \ . \ . \ . \ . \ . \ . \ . \ . \ . \ . \ (27)$$

die gesamte Selbstinduktion in der Ständerwicklung und

$$L_2 = L_{2s} + L_{2f} \quad . \ . \ . \ . \ . \ . \ . \ . \ . \ . \ . \ (28)$$

die gesamte Selbstinduktion in der Läuferwicklung.

Nach einem Grundgesetz ergibt sich der Augenblickswert der Klemmenspannung eines von Wechselstrom durchflossenen Stromkreises, wenn man zu der gesamten negativen EMK den Ohmschen Spannungsabfall $w\,i$ addiert. Daher ist die Klemmenspannung der Ständerwicklung

$$k_1 = w_1 i_1 - e_1 \quad . \ . \ . \ . \ . \ . \ . \ . \ . \ . \ . \ (29)$$

und die Klemmenspannung der Läuferwicklung

$$k_2 = w_2 i_2 - e_2 \quad . \ . \ . \ . \ . \ . \ . \ . \ . \ . \ . \ (30)$$

3. Die effektiven EMKe im Ständer.

Im vorstehenden wurden nur die Augenblickswerte betrachtet. Wir gehen nun zu den effektiven Werten über.

Der Ständer hat entweder ausgeprägte Pole (Abb. 3) mit einer Spule, oder er bildet einen Hohlzylinder mit Nuten an der Innenfläche, in welchen je eine Windung oder eine Spule sitzt (unterteilte Wicklung Abb. 41—43). Dies hat den Vorteil, daß die gesamte Wicklung näher an den Läufer liegt, wodurch die Streuung kleiner wird, und daß die Abkühlung der Wicklung besser ist. Ferner läßt sich da leichter eine Kompensationswicklung unterbringen als bei ausgeprägten Polen. Bei Motoren mit sehr vielen Polen ist aber die Breite eines Poles in der Regel so klein, daß eine öftere Unterteilung praktisch nicht ausführbar ist. Die Erregerwicklung jedes Poles besteht dann oft nur aus einer Spule in einer Nute (Abb. 41).

Bei Motoren, deren Erregerwicklung nur aus einer Spule auf jedem Pol besteht, ist der Scheitelwert der Kraftlinienmenge des Triebfeldes wie bei jeder konzentrierten Spule

$$\mathfrak{Z}_{1f} = \frac{4\pi \mathfrak{J}_1 N_1}{\mathfrak{w}} = \frac{4\sqrt{2}\pi J_1 N_1}{\mathfrak{w}} \quad \ldots \ldots \ldots \quad (31)$$

wenn $\mathfrak{J}_1$ der Scheitelwert, J_1 der effektive Wert des Ständerstromes in absoluten Einheiten ist. $\sqrt{2}$ ist der Scheitelfaktor der Sinuswelle (§ 1).

Die von diesem Felde in der Ständerwicklung induzierte EMK hat bei sinusförmigem zeitlichen Verlauf den effektiven Wert in Volt:

$$E_{1f} = \sqrt{2}\pi \nu N_1 \mathfrak{Z}_{1f} 10^{-8} = \omega L_{1f} J_1 \quad \ldots \ldots \quad (32)$$

Die vom Läuferfeld $\mathfrak{Z}_{2f} \cos \vartheta$ in der Ständerwicklung induzierte EMK der Transformation ist in effektiven Volt:

$$E_{1t} = \sqrt{2}\pi \nu N_1 \mathfrak{Z}_{2f} \cos \vartheta \, 10^{-8} = \omega M \cos \vartheta \, J_2 \quad \ldots \quad (33)$$

Die gesamte EMK in der Ständerwicklung ist

$$E_1 = \sqrt{2}\pi \nu N_1 \mathfrak{Z}_1 10^{-8} \quad \ldots \ldots \ldots \quad (34)$$

Durch einen Strom kann diese im allgemeinen nicht ausgedrückt werden, da $\mathfrak{Z}_1$ gemäß Gl. 5 von beiden Strömen herrührt. Nur bei Reihenmotoren, wo $J_1 = J_2$ ist, ist $E_1 = \omega L_1 J$.

Bei solchen Motoren ist die Kraftliniendichte nahezu gleichmäßig. Ist $\mathfrak{b}$ der Augenblickswert, $\mathfrak{B}$ der Scheitelwert derselben und S der Querschnitt des Kraftlinienbündels eines Poles, so ist

$$\mathfrak{z} = S\,\mathfrak{b}, \qquad \mathfrak{Z} = S\,\mathfrak{B} \quad \ldots \ldots \ldots \quad (35)$$

Natürlich ist der Querschnitt S und daher die Kraftliniendichte im Luftzwischenraum, in den Zähnen und im Eisenrücken hinter den Zähnen sehr verschieden.

Bei unterteilter Wicklung (Abb. 43) ist die Kraftliniendichte in der Mitte der Polfläche am größten und nimmt gegen den Rand zu ab. Ist die Anzahl der Nuten nicht zu klein, so stellt sich die in Abb. 7 schematisch dargestellte Kraftlinienverteilung ein. Die Länge der auf dem Kreis aufstehenden Linien entspricht der Kraftliniendichte an der betreffenden Stelle. Im idealen Falle sind es die Ordinaten einer Sinuslinie. Wird die Wicklung von Gleichstrom durchflossen, so hat dieses Feld auf der einen Seite einen Nordpol, auf der entgegengesetzten Seite einen Südpol. Es ist also ein einachsiges Feld mit konstanter Richtung und sinusförmiger räumlicher Verteilung der Kraftliniendichte. Diese Verteilung ist mathematisch ausgedrückt durch

$$\mathfrak{b} = \mathfrak{P} \sin \xi \, l.$$

$\mathfrak{b}$ ist also die Kraftliniendichte an einer Stelle des Umfanges, die von dem gewählten Ausgangspunkt A um den Winkel ξ und das Bogenstück l absteht. Hat ξ den ganzen Kreis ($360^0 = 2\pi$) durchlaufen, so wiederholen sich alle Werte von $\mathfrak{b}$; es ist also räumlich periodisch. Um das zum Ausdruck zu bringen, setzen wir $\xi = \frac{2\pi}{\lambda}$, wobei λ den ganzen Kreisumfang bedeutet. Dann ist

$$\mathfrak{b} = \mathfrak{P} \sin \frac{2\pi}{\lambda} l.$$

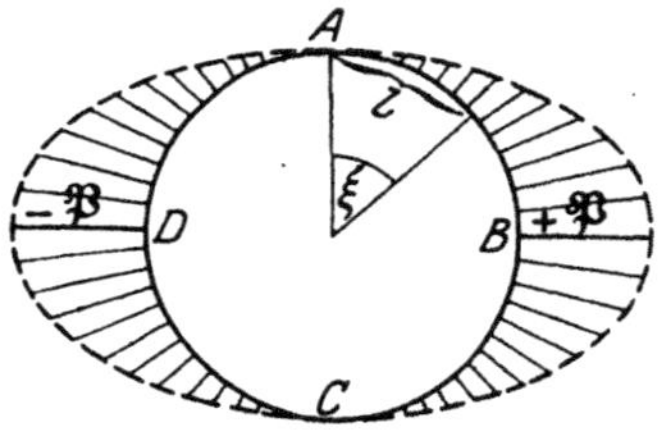

Abb. 7.

Für $l = \frac{\lambda}{4}$, also für die Stelle B ist $\mathfrak{b} = \mathfrak{P}$; für $l = \frac{\lambda}{2}$ also bei C ist $\mathfrak{b} = 0$; für $\mathfrak{b} = \frac{3\lambda}{4}$ also bei D ist $\mathfrak{b} = -\mathfrak{P}$ usf.

Wird Wechselstrom durch die Wicklung geschickt, so ändert sich an jeder Stelle die Kraftliniendichte zeitlich wie der Wechselstrom. Es ist also $\mathfrak{P} = \mathfrak{B} \sin \omega t$, wobei

$$\omega = \frac{2\pi}{\tau} = 2\pi\nu.$$

Hier bedeutet τ die Dauer einer Periode. $\mathfrak{B}$ ist die Amplitude oder der Scheitelwert, d. h. der größte Wert, den die Kraftliniendichte überhaupt erreichen kann.

Mithin ist nun

$$\mathfrak{b} = \mathfrak{B} \sin \frac{2\pi}{\tau} t \cdot \sin \frac{2\pi}{\lambda} l \quad \ldots\ldots\ldots \quad (36)$$

Diese Gleichung gibt an, wie groß die Kraftliniendichte $\mathfrak{b}$ an irgendeiner Stelle im Bogenabstande l zur Zeit t ist. Der Scheitelwert $\mathfrak{B}$ tritt ein (und zwar abwechselnd positiv und negativ), wenn

$$l = \frac{\lambda}{4}, \quad \frac{3\lambda}{4}, \quad \frac{5\lambda}{4} \ldots$$

und wenn gleichzeitig

$$t = \frac{\tau}{4}, \quad \frac{3\tau}{4}, \quad \frac{5\tau}{4} \ldots$$

ist, also nur an den Stellen B und D und nur nach jeder Halbperiode. Dieses magnetische Feld hat also beständig dieselbe Lage im Raum (in Abb. 7 wagrecht), aber seine Richtung wechselt mit jeder Halbperiode; es ist ein gerichtetes oder einachsiges Wechselfeld zum Unterschiede von dem Felde eines Drehfeldmotors, dessen magnetische Achse sich dreht.

Da bei dieser unterteilten Wicklungsanordnung nicht alle N-Windungen die gesamte Kraftlinienmenge $\mathfrak{Z}$ umschließen, sondern die inneren Spulen um so weniger, je mehr Spulen vorhanden sind, so kann die Gl. 35 auf diese Wicklungsanordnung nur angewendet werden, wenn man einen Mittelwert $\mathfrak{B}_m$ als gleichförmige Kraftliniendichte einführt, so daß $\mathfrak{Z} = S\,\mathfrak{B}_m$ ist. Dieser Mittelwert ergibt sich, wenn man die nach dem Gesetz $\mathfrak{B}\sin\alpha$ verteilte Kraftliniendichte über eine halbe Periode summiert, also von 0 bis $\frac{\pi}{2}$ integriert, und durch den Integrationsbereich $\frac{2}{\pi}$ dividiert. Mithin ist

$$\mathfrak{B}_m = \frac{1}{\frac{\pi}{2}} \int_0^{\frac{\pi}{2}} \mathfrak{B} \sin\alpha \, d\alpha$$

$$= -\frac{2}{\pi}\mathfrak{B} \Big| \cos\alpha \Big|_0^{\frac{\pi}{2}} = -\frac{2}{\pi}\mathfrak{B}(0-1) = \frac{2}{\pi}\mathfrak{B}.$$

Dann ist

$$\mathfrak{Z} = S\,\mathfrak{B}_m = \frac{2}{\pi} S\,\mathfrak{B}$$

oder

$$\mathfrak{B} = \frac{\pi}{2}\frac{\mathfrak{Z}}{S} = 1{,}57\frac{\mathfrak{Z}}{S} \quad \ldots \ldots \ldots \quad (37)$$

Die größte Kraftliniendichte, die an den Stellen B und D herrscht, ist also bei gleicher Kraftlinienmenge 1,57 mal so groß, als wenn die Kraftliniendichte gleichmäßig ist.

Auf gleiche Weise ergibt sich bei unterteilter Wicklung die Kraftlinienmenge aus den Amperewindungen $\mathfrak{J}_1 N_1$ (od. aus der MMK $4\pi\mathfrak{J}_1 N_1$):

$$\mathfrak{Z} = \frac{1}{\frac{\pi}{2}} \int_0^{\frac{\pi}{2}} \frac{4\pi\mathfrak{J}_1 N_1}{\mathfrak{w}} \sin\alpha \, d\alpha = \frac{2}{\pi} \cdot \frac{4\pi\mathfrak{J}_1 N_1}{\mathfrak{w}} \quad \ldots \quad (38)$$

Das heißt, die durch eine unterteilte Wicklung erzeugte Kraftlinienmenge ist $\frac{2}{\pi}$ mal, oder etwa 0,64 mal derjenigen, wo sämtliche Windungen den ganzen Eisenkern umschließen (ausgeprägte Pole).

Der Faktor $\frac{2}{\pi}$ ist der sogenannte Wicklungsfaktor einer sinusförmig verteilten MMK. Bei einer anderen Verteilung, die insbesondere davon abhängt, in wieviel Nuten die Wicklung verteilt ist und welchen Teil der Polbreite sie einnimmt, hat er natürlich einen anderen Wert. Bezeichnet man ihn mit f, so ist

$$\mathfrak{Z}_{1f} = \frac{4\pi\mathfrak{J}_1 N_1 f_1}{\mathfrak{w}} = \frac{4\sqrt{2}\,\pi J_1 N_1 f_1}{\mathfrak{w}} \quad \ldots \ldots \quad (39)$$

Demnach ist der Wicklungsfaktor allgemein definiert durch das Verhältnis der Windungszahl einer konzentrierten Wicklung, die unter gleichen Umständen dieselbe Kraftlinienmenge erzeugen würde zu der wirklich vorhandenen Windungszahl der unterteilten Wicklung. Er ist daher für jede unterteilte Wicklung kleiner als 1, und die wirklich vorhandene Windungszahl muß mit ihm multipliziert werden, wenn die Kraftlinienmenge in Betracht kommt. Daher gilt nebst der letzten Gleichung noch

$$L_{1f} = \frac{\mathfrak{Z}_{1f}(N_1 f_1)}{\mathfrak{J}_1} = \frac{4\pi (N_1 f_1)^2}{\mathfrak{w}} \quad \ldots \ldots \ldots (40)$$

Die Gleichung $E_{1f} = \omega L_{1f} J_1$ bleibt unverändert. Die Änderung steckt schon in L_{1f}. Ebenso bleiben die Gl. 32–34 unverändert, wenn der Wicklungsfaktor in $\mathfrak{Z}$ berücksichtigt ist.

4. Die effektiven EMKe der Transformation und Rotation im Läufer.

Wir haben in § 2 gesehen, daß das Triebfeld $\mathfrak{z}_{1f} = \frac{4\pi i_1 N_1}{\mathfrak{w}}$ in einem rotierenden Läufer zwei EMKe erzeugt, nämlich die transformatorische

$$e_{2t} = -M \cos\vartheta \frac{di_1}{dt}$$

und die rotatorische

$$e_{2r} = i_1 M \sin\vartheta \frac{d\vartheta}{dt}.$$

Da ϑ der Winkel ist, den die Bürsten mit der Achse des Ständerfeldes bilden, so folgt, daß für $\vartheta = 0$ (Bürsten in der magnetischen Achse stehend) e_{2t} den größten Wert hat, während $e_{2r} = 0$ ist. Für $\vartheta = 90^\circ$ (Bürsten in der neutralen Linie stehend, senkrecht zur magnetischen Achse) ist es umgekehrt. Es ist zweckmäßig, sich das an einer Läuferwicklung klarzumachen. Der leichteren Übersicht wählen wir eine Ringwicklung (Abb. 8); es gilt aber für Trommelwicklungen genau dasselbe. Die gestrichelten Linien zeigen den Verlauf des Triebfeldes $\mathfrak{z}_{1f}$. Da es die obere und die untere Ringhälfte im gleichen Sinne durchsetzt, so müssen die transformatorischen EMKe in allen Windungen dieselbe Richtung von oben nach unten haben, was durch die Pfeile bezeichnet ist. In jenen Windungen, die in der Richtung der magnetischen Achse NS liegen, wird keine solche EMK induziert, weil die Kraftlinien an ihnen vorbeigehen. Legt man 2 Bürsten an, die sich gegenüberstehen, so zerfällt die Läuferwicklung in zwei parallel geschaltete Zweige. Liegen die Bürsten in der magnetischen Achse, so addieren sich diese EMKe aller Windungen in jeder Hälfte, weil sie alle gleiche Richtung haben. Stehen die Bürsten senkrecht zur magnetischen Achse, so heben sich sowohl in der rechten wie in der linken Wicklungshälfte alle diese EMKe gegenseitig auf, so daß $e_{2t} = 0$ ist.

Abb. 9 zeigt die Richtungen der durch Rotation erzeugten EMKe nach der Flemingschen Drei-Finger-Regel. Sie haben in sämtlichen Windungen jeder Hälfte (rechts und links von der neutralen Linie) die gleiche Richtung. Von jenen Windungen, die gerade senkrecht zur magnetischen Achse stehen, werden bei der Drehung keine Kraftlinien geschnitten, so daß die EMK der Rotation in diesen Windungen Null ist. Stellt man die Bürsten senkrecht zur

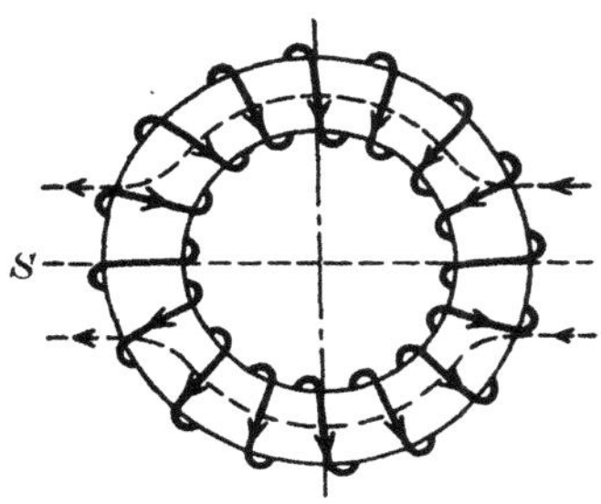

Abb. 8.
EMK der Transformation

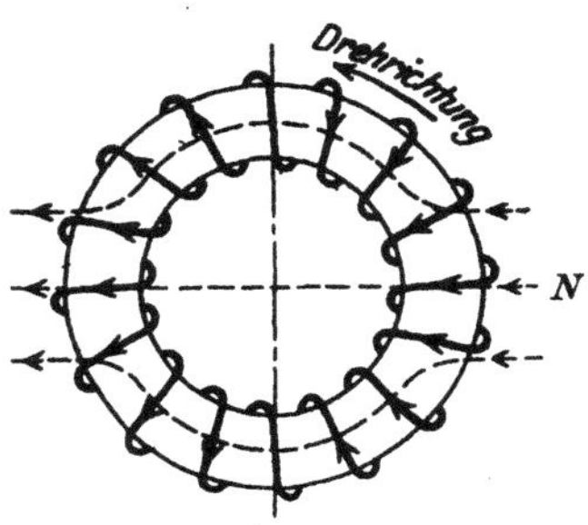

Abb. 9.
EMK der Rotation

während einer halben Periode, in der das Ständerfeld die eingezeichnete Richtung hat.

magnetischen Achse, also in die neutrale Linie, so addieren sich in der rechten und in der linken Wicklungshälfte diese EMKe, weil sie in jeder Wicklungshälfte gleiche Richtung haben. Stellt man aber die Bürsten in die Richtung der magnetischen Achse, so heben sich diese EMKe sowohl in der oberen wie in der unteren Wicklungshälfte gegenseitig auf, so daß $e_{2r} = 0$ ist[1]).

Stehen die Bürsten unter einem Winkel ϑ zur magnetischen Achse, so treten beide EMKe auf.

Ist der Ständerstrom von der Form $i_1 = \mathfrak{J}_1 \sin \omega t$, so ist nach Gl. 20:

$$e_{2t} = -\omega M \cos \vartheta \, \mathfrak{J}_1 \cos \omega t = \mathfrak{E}_{2t} \sin (\omega t - 90) \quad . \; . \; . \; (41)$$

Die transformatorische EMK hat also 90° Phasenverspätung gegen den Strom i_1, von dem sie herrührt.

---

[1]) Es sei aber gleich hier bemerkt, daß es in jenen einzelnen Windungen, die sich bei wagrechter oder senkrechter Bürstenstellung unter den Bürsten befinden und durch diese kurzgeschlossen werden (vgl. Abb. 30) gerade umgekehrt ist, so weit die Induktion durch das Triebfeld $\mathfrak{z}_{1f}$ in Betracht kommt. Nach Abb. 8 haben jene Windungen, die in der magnetischen Achse liegen, keine EMK der Transformation, während Abb. 9 zeigt, daß hier die EMK der Rotation am größten ist. Hingegen ist in jenen Windungen, die genau in der neutralen Linie stehen, die EMK der Rotation null, während die der Transformation hier am größten ist.

Die rotatorische EMK ist nach Gl. 21 bei den Reihenmotoren und Nebenschlußmotoren

$$e_{2r} = -v\,\omega\,M \sin\vartheta\,\mathfrak{J}_1 \sin\omega t = -\mathfrak{E}_{2r} \sin\omega t\,, \quad . \quad . \quad . \quad (42)$$

d. h. sie wirkt dem Strom i_1 gerade entgegen. Abb. 10 zeigt dies für Augenblickswerte, die als Sinuslinien verlaufen, während Abb. 11 die effektiven Werte als Vektoren zeigt. Für die praktische Anwendung

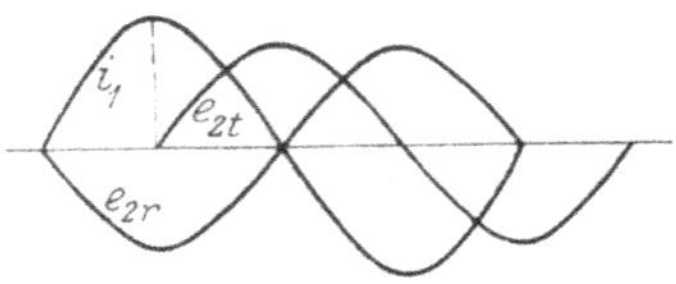

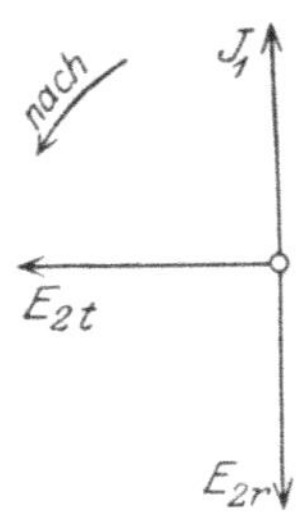

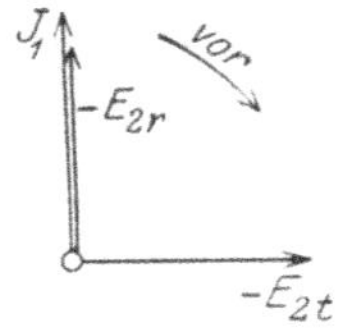

Abb. 10. Abb. 11. Abb. 12.

Die EMKe der Transformation und Rotation bei Reihenmotoren und Nebenschlußmotoren.

der Reihenmotoren kommt es aber mehr auf jene äußere Spannung K_2 an, die dem Läufer zugeführt (aufgedrückt) wird, und die man auch als Bürstenspannung bezeichnet. Daher benützt man bei den Vektordiagrammen nicht die EMK E_{2r}, sondern jenen Teil der aufgedrückten Spannung, der dieser EMK entgegenwirkt und ihr das Gleichgewicht hält, so daß nicht Abb. 11, sondern Abb. 12 die Grundlage des Vektordiagrammes der Reihen- und Nebenschlußmotoren bildet.

Bei den Repulsionsmotoren ist nach Gl. 22

$$e_{2r} = +v\,\omega\,M \sin\vartheta\,\mathfrak{J}_1 \sin\omega t = +\mathfrak{E}_{2r} \sin\omega t \quad . \quad . \quad . \quad . \quad (43)$$

d. h. diese EMK wirkt hier im gleichen Sinne wie i_1. Die Abb. 13 und 14 zeigen das. Bei diesen Motoren ist der Läufer über die Bürsten

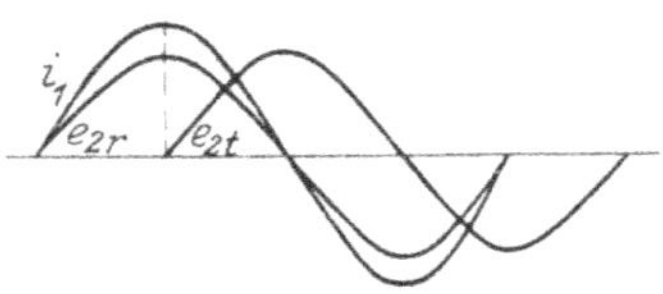

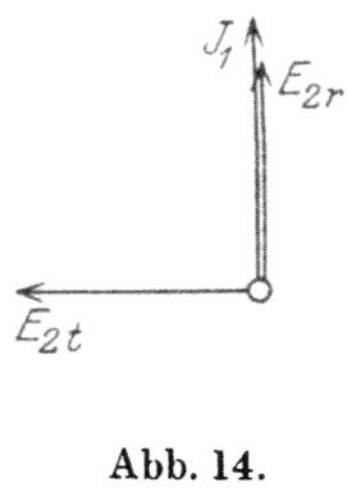

Abb. 13. Abb. 14.

Die EMKe der Transformation und Rotation bei Repulsionsmotoren.

kurzgeschlossen, eine aufgedrückte Spannung wie bei den Reihenmotoren also nicht vorhanden.

Die effektiven Werte ergeben sich aus den Scheitelwerten der Gl. 41 und 42, nämlich aus

$$\mathfrak{E}_{2t} = \omega M \mathfrak{J}_1 \cos \vartheta = 2 \pi \nu M \mathfrak{J}_1 \cos \vartheta \quad \ldots \ldots (44)$$

$$\mathfrak{E}_{2r} = v \omega M \mathfrak{J}_1 \sin \vartheta = v\, 2 \pi \nu M \mathfrak{J}_1 \sin \vartheta\,, \quad \ldots \ldots (45)$$

indem man durch den Scheitelfaktor dividiert, also:

$$E_{2t} = 2 \pi \nu M J_1 \cos \vartheta = \omega \varkappa \sqrt{L_1 L_2}\, J_1 \cos \vartheta \quad \ldots \ldots (46)$$

$$E_{2r} = 2 \pi \nu v M J_1 \sin \vartheta = v \omega \varkappa \sqrt{L_1 L_1}\, J_2 \sin \vartheta \quad \ldots (47)$$

Wir brauchen aber auch die Formeln, die diese EMKe in Abhängigkeit vom Triebfeld $\mathfrak{Z}_{1f}$ darstellen. Man erhält sie, wenn man Gl. 9 und 31 einsetzt. Dann ist

$$E_{2t} = \sqrt{2}\, \pi \nu N_2 \mathfrak{Z}_{1f} \cos \vartheta \quad \ldots \ldots (48)$$

$$E_{2r} = \sqrt{2}\, \pi v \nu N_2 \mathfrak{Z}_{1f} \sin \vartheta \quad \ldots \ldots (49)$$

Das sind absolute Einheiten; um sie in Volt auszudrücken, müssen die rechten Seiten mit 10^{-8} multipliziert werden. Hier bedeutet $\mathfrak{Z}_{1f}$ wie früher die Kraftlinienmenge eines Polpaares, also jenes Kraftlinienbündel, das aus einer Polfläche des Ständers austritt und in die entsprechende Polfläche des Läufers eintritt. N_2 ist die dazugehörige Zahl der Läuferwindungen, also die hintereinander geschalteten Windungen zwischen zwei Bürsten[1]).

Der Faktor $\sqrt{2}\,\pi$ gilt jedoch nur unter der Voraussetzung, die wir hier stillschweigend gemacht haben, daß nämlich sämtliche Kraftlinien $\mathfrak{Z}_{1f}$ von sämtlichen N_2-Windungen umschlossen werden, wie es bei Transformatorspulen der Fall ist[2]). Bei Trommelwicklungen aber sind die Windungen wie Durchmesser mit gleichen Abständen verteilt. Infolgedessen umschließt nur jene Windung, die gerade senkrecht zur magnetischen Achse steht (Abb. 15) sämtliche $\mathfrak{Z}_{1f}$-Kraftlinien. Jede andere Windung unter dem Winkel ϑ umschließt nur $\mathfrak{Z}_{1f} \sin \vartheta$ Kraftlinien, wenn $\mathfrak{Z}_{1f}$ ein homogenes Feld ist. Daher darf man obige Ausdrücke nur dann auf alle Windungen anwenden, wenn man die Kraftlinienmenge $\mathfrak{Z}_{1f}$ durch einen Mittelwert $\mathfrak{Z}_m$ ersetzt. Diesen erhält

---

1) Gl. 48 enthält das magnetische Feld $\mathfrak{Z}_{1f} \cos \vartheta$, das die EMK der Transformation erzeugt. Daraus darf man nicht schließen, daß auch die EMK der Rotation (Gl. 49) das Feld enthält, von dem sie erzeugt wird. Denn diese wird nicht vom Felde $\mathfrak{Z}_{1f} \sin \vartheta$, sondern, wie aus der Ableitung auf S. 7 hervorgeht, vom Felde $\mathfrak{Z}_{1f} \cos \vartheta$ erzeugt.

2) Das gilt sehr angenähert auch für Ringwicklungen, wobei nur zu beachten ist, daß die Kraftlinienmenge in jeder Ringhälfte $\mathfrak{Z}_{1f}/2$ ist, so daß die rechten Seiten der letzten Gleichungen durch 2 zu dividieren sind. Für Ringwicklungen ist also

$$E_{2t} = \frac{\sqrt{2}\,\pi}{2} \nu N_2 \mathfrak{Z}_{1f} \cos \vartheta \cdot 10^{-8},$$

$$E_{2r} = \frac{\sqrt{2}\,\pi}{2} v \nu N_2 \mathfrak{Z}_{1f} \sin \vartheta \cdot 10^{-8}.$$

man, wenn man $\mathfrak{Z}_{1f} \sin \vartheta$ über einen Polbereich, also von 0 bis $\frac{\pi}{2}$ integriert und durch den Integrationsbereich $\frac{\pi}{2}$ dividiert, also

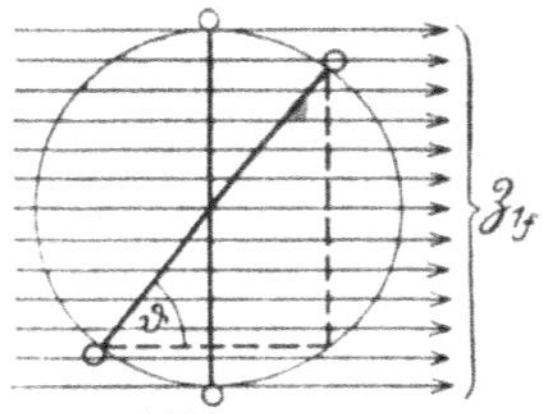

Abb. 15.

$$\mathfrak{Z}_m = \frac{1}{\frac{\pi}{2}} \int_0^{\frac{\pi}{2}} \mathfrak{Z}_{1f} \sin \vartheta \, d\vartheta .$$

Das ergibt wie auf S. 13

$$\mathfrak{Z}_m = \frac{2}{\pi} \mathfrak{Z}_{1f} = f_2 \mathfrak{Z}_{1f}, \quad . \quad . \quad . \quad . \quad (50)$$

wenn f_2 allgemein den Wicklungsfaktor des Läufers bedeutet. Dann gehen die letzten Gleichungen über in

$$E_{2t} = 2\sqrt{2}\,\nu\, N_2\, \mathfrak{Z}_{1f} \cos \vartheta = \sqrt{2}\,\pi\, \nu\, f_2\, N_2\, \mathfrak{Z}_{1f} \cos \vartheta \quad . \quad . \quad . \quad (51)$$

$$E_{2r} = 2\sqrt{2}\, v\, \nu\, N_2\, \mathfrak{Z}_{1f} \sin \vartheta = \sqrt{2}\,\pi\, v\, \nu\, f_2\, N_2\, \mathfrak{Z}_{1f} \sin \vartheta \quad . \quad . \quad (52)$$

Diese Gleichungen gelten auch dann, wenn das Triebfeld nicht homogen ist, sondern von einer unterteilten Ständerwicklung herrührt, nur ist dann $\mathfrak{Z}_{1f}$ nicht nach Gl. 31, sondern nach Gl. 39 zu berechnen.

Man kann auch u_s bzw. u einführen, denn nach Gl. 15 ist $\nu = p\, u_s$, wenn u_s die synchrone Drehzahl bedeutet. Dann ist

$$E_{2t} = \sqrt{2}\,\pi\, p\, u_s\, f_2\, N_2\, \mathfrak{Z}_{1f} \cos \vartheta \quad . \quad . \quad . \quad . \quad . \quad . \quad (53)$$

Nach Gl. 17 ist $v\nu = pu$, wenn u die jeweilige Drehzahl des Läufers ist. Dann ist

$$E_{2r} = \sqrt{2}\,\pi\, p\, u\, f_2\, N_2\, \mathfrak{Z}_{1f} \sin \vartheta \quad . \quad . \quad . \quad . \quad . \quad . \quad . \quad (54)$$

Die vorstehenden Gleichungen gelten für absolute Einheiten. Soll E in Volt ausgedrückt werden, so sind die rechten Seiten mit 10^{-8} zu multiplizieren[1]).

[1]) In den obigen Gleichungen ist $\mathfrak{Z}_{1f}$ das Kraftlinienbündel eines Polpaares, so daß $p\,\mathfrak{Z}_{1f}$ die gesamte Kraftlinienmenge ist. N_2 ist die Anzahl der hintereinandergeschalteten Windungen zwischen zwei Bürsten. Gewöhnlich ist die Anzahl der parallel geschalteten Ankerwicklungszweige $2a$ gleich der Anzahl der Polpaare $2p$. Wellenwicklungen können aber so ausgeführt werden, daß diese verschieden sind. Dann ist die Anzahl der hintereinander geschalteten Windungen zwischen zwei Bürsten nicht $p\,N_2$, sondern $\frac{p\,N_2}{a}$. In der Praxis wird häufig mit der Anzahl der Leiter (Stäbe) z des ganzen Läufers gerechnet. Diese sind $z = 4\,a\,N_2$, weil zwei Leiter eine Windung bilden und die Anzahl der parallel geschalteten Zweige $2\,a$ ist. Dann ist

$$E_{2r} = \frac{\sqrt{2}}{4}\,\pi\,\frac{p}{a}\,u\,f_2\,z\,\mathfrak{Z}_{1f} \sin \vartheta$$

und bei einem Trommelläufer mit sinusförmiger Anordnung $\left(f_2 = \frac{2}{\pi}\right)$:

$$E_{2r} = \frac{1}{\sqrt{2}}\,\frac{p}{a}\,u\,z\,\mathfrak{Z}_{1f} \sin \vartheta .$$

Es ist zu beachten, daß die in den Ausdrücken für E_{2_r} vorkommenden Faktoren $v\,\nu = p\,u$ nicht die Frequenz, sondern nur den Zahlenwert dieser EMK bestimmen. Die Frequenz ist nach Gl. 42 bestimmt durch $\sin \omega t$; sie ist also gleich der Frequenz ν des den Motor speisenden Stromes, weil $\omega = 2\pi\nu$ (vgl. § 8).

Schließlich kommt noch die gesamte vom Läuferstrom J_2 in der Läuferwicklung induzierte EMK gemäß Gl. 26 in Betracht:

$$E_{L2} = E_{2s} + E_{2f} = \omega L_2 J_2 \qquad (55)$$

Es ist nichts anderes als die EMK der gesamten Selbstinduktion des Läufers.

Bei der praktischen Anwendung der EMK-Formeln ist zu beachten, daß jede Bürste zwei oder drei Kommutatorsegmente bedeckt, also die dazwischenliegenden Windungen kurzschließt, so daß die in ihnen induzierten EMKe weder an E_{2t} und E_{2_r} noch am Drehmoment beteiligt sind. Unter N_2 sind also nur jene Windungen zu verstehen, deren EMKe wirklich hintereinander geschaltet sind. In den elektrotechnischen Fabriken kommen jetzt nur noch Umrechnungen vor, und dazu werden Wicklungsfaktoren benützt, die aus der experimentellen Untersuchung ähnlicher Motoren gewonnen sind, so daß diesem Umstand schon Rechnung getragen ist.

Der Wicklungsfaktor kommt gemäß der allgemeinen Definition (S. 14) auch für die Entstehung des Läuferfeldes aus den Amperewindungen in Betracht, so daß

$$\mathfrak{Z}_{2f} = \frac{4\pi \mathfrak{J}_2 N_2 f_2}{\mathfrak{w}} \qquad (56)$$

Daraus folgt weiter

$$L_{2f} = \frac{\mathfrak{Z}_{2f}(N_2 f_2)}{\mathfrak{J}_2} = \frac{4\pi (N_2 f_2)^2}{\mathfrak{w}} \qquad (57)$$

Aus der Grundgleichung für den Koeffizienten der gegenseitigen Induktion (§ 1)

$$M = \sqrt{L_{1f} L_{2f}} = \varkappa \sqrt{L_1 L_2}$$

folgt dann mit Bezug auf Gl. 40 und 57:

$$M = \frac{4\pi N_1 N_2 f_1 f_2}{\mathfrak{w}} = \varkappa \frac{4\pi N_1 N_2 f_1 f_2}{\sqrt{\mathfrak{w}_1 \mathfrak{w}_2}} \qquad (58)$$

als allgemeinste Formeln für M, während Gl. 9 nur für den Fall gilt, daß die Wicklungsfaktoren gleich 1 sind wie bei den Transformatoren.

5. Die effektiven Streuspannungen.

Die Streufelder sind definiert durch jene Kraftlinien, die im Ständer bzw. Läufer vom eigenen Strom erzeugt werden, aber die andere Wicklung nicht erreichen, also nur mit dem eigenen Stromkreis verkettet sind. Unter den Streu-Kraftlinien, oder kurz Streulinien, gibt es solche, die mit sämtlichen Windungen, und solche, die nur mit irgendeinem Teil der Windungen des eigenen und des fremden Stromkreises verkettet sind[1]). Dies hängt von der Art der Wicklung, der Form und Größe der Polschuhe bzw. Zähne und von der Weite des Luftzwischenraumes ab. Eine Ausrechnung der effektiven Werte der Streuspannungen auf Grund einer bestimmten geometrischen Form des Feldes ist daher nicht möglich. Wir setzen:

$$E_{1s} = c_1 \nu N_1 \mathfrak{Z}_{1s} \cdot 10^{-8} \text{ Volt}$$
$$E_{2s} = c_2 \nu N_2 \mathfrak{Z}_{2s} \cdot 10^{-8} \text{ Volt},$$

wobei c_1, c_2 Faktoren sind, die mit hinreichender Genauigkeit nur auf experimentellem Wege ermittelt werden können[2]). Hat man für die Berechnung keine geeigneten Werte von ähnlichen Maschinen, so muß man $c = 4{,}4$ wie bei völliger Verkettung und sinusförmiger Stromwelle einsetzen[3]).

Dagegen sind die Gleichungen

$$E_{1s} = \omega L_{1s} J_1$$
$$E_{2s} = \omega L_{2s} J_2$$

streng richtig. Die von der Form der Streufelder abhängigen Faktoren c_1, c_2 sind hier im Zahlenwert der Induktoinskoeffizienten L_{1s}, L_{2s} enthalten.

6. Das Drehmoment.

Wird einem Ring- oder Trommelläufer durch zwei gegenüberstehende Bürsten Strom zugeführt, so teilt er sich zwischen den beiden Wicklungshälften, die infolgedessen vom halben Strom in gleicher Richtung (bezüglich des äußeren Raumes) durchflossen werden. Bei der Ringwicklung entstehen daher in beiden Hälften magnetische Felder, die bezüglich des äußeren Raumes dieselbe Richtung haben. Wo der Strom sich teilt, also unter den Bürsten, stoßen die Kraftlinien aufeinander, stauen sich und treten aus dem Ring heraus, um dann in den Ständer überzutreten. Wo die gestauten Kraftlinien austreten, bzw. eintreten, entstehen im Ring freie magnetische Pole. Bei der Trommelwicklung umgeben die Windungen beider Wicklungshälften den ganzen Raum derart, daß auf der einen Seite (in Abb. 4 rechts) der Strom in allen Leitern nach vorn fließt, auf der anderen Seite aber nach rückwärts, so daß oben ein Pol s, unten ein Pol n entsteht. Durch Anziehung und Abstoßung zwischen diesen Läuferpolen und den Ständerpolen entsteht ein Drehmoment, dessen Richtung in Abb. 5 durch

---

[1]) Vgl. die Anmerk. auf S. 4.

[2]) Der auf S. 14 definierte Wicklungsfaktor kommt für die Streufelder nicht in Betracht, weil diese von den einzelnen Spulen in den einzelnen Nuten abhängen.

[3]) In Gl. 34 ist die Streuspannung E_{1s} als Summand enthalten. Der Einfachheit wegen ist dort der Faktor c_1, gleich dem Zahlenfaktor von E_{1f} gesetzt worden, was um so mehr zulässig ist, als E_{1s} gegen E_{1f} klein ist.

den Pfeil bezeichnet ist. Ändern die Ständer- und Läuferpole gleichzeitig ihre Richtung, so ändert das Drehmoment seine Richtung nicht, und daher können solche Motoren auch mit Wechselstrom betrieben werden. Erfolgt die Änderung nicht gleichzeitig, sondern besteht eine Phasenverschiebung zwischen beiden (Abb. 16), so gibt es Zeiträume $b\,c$, während welchen das Drehmoment entgegengesetzt ist dem Drehmoment, das im Zeitraum $a\,b$ herrscht, so daß das resultierende Drehmoment entsprechend kleiner ist. Beträgt die Phasenverschiebung 90^0, so heben sich in jeder halben Periode die entgegengesetzten Drehmomente auf und das resultierende ist Null.

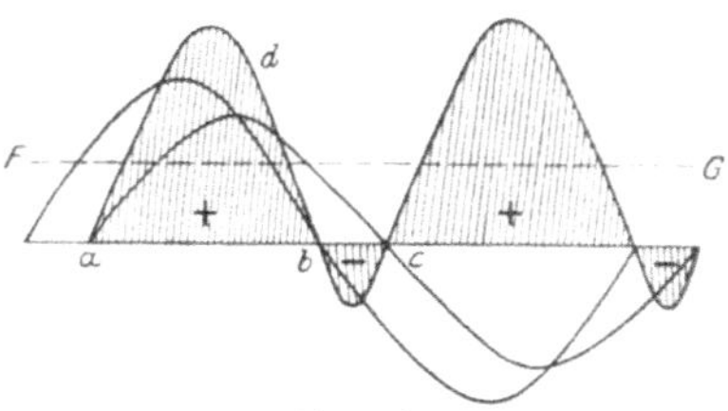

Abb. 16.

Zur zahlenmäßigen Ausrechnung des Drehmomentes eignet sich die Anziehungs- bzw. Abstoßungskraft zwischen den Läufer- und Ständerpolen nicht, weil man deren Abstände nicht kennt. Dazu eignet sich besser das Gesetz, wonach ein vom Strom durchflossener Leiter in einem fremden magnetischen Felde senkrecht zur Richtung der Kraftlinien getrieben wird, und zwar mit einer Kraft, die der Länge l des Leiters, der Stromstärke i_2 und der Kraftliniendichte $\mathfrak{b}$ an der betreffenden Stelle proportional ist. Durch Multiplikation mit dem Radius r erhält man das Drehmoment, wenn die Windung senkrecht zur magnetischen Achse des Erregerfeldes steht. Bildet sie den Winkel ϑ mit dieser, so kommt für das Drehmoment nur die zur magnetischen Achse senkrechte Komponente $r \sin \vartheta$ (Abb. 17) in Betracht[1]). Für eine rechteckige Trommelwindung mit der Seitenlänge l ist das Drehmoment doppelt so groß, also gleich $2\,r\,l\,i_2\,\mathfrak{b} \sin \vartheta$. Da $2\,r\,l$ die Fläche der Windung ist, so ist $2\,r\,l\,\mathfrak{b} = \mathfrak{z}_{1f}$ die Kraftlinienmenge, die von der Windung umschlossen wird, wenn das Feld homogen ist. Also ist das Drehmoment gleich $i_2\,\mathfrak{z}_{1f} \sin \vartheta$. Ist N_2 die Windungszahl eines Wicklungszweiges (Poles) des Läufers, so ist die gesamte Windungszahl $2\,p\,N_2$, wenn der Motor p Polpaare hat. Ist $\mathfrak{z}_{1f}$ die Kraftlinienmenge des von einem Polpaar des Ständers erzeugten Kraftlinienbündels, so ist die gesamte Kraftlinienmenge $p\,\mathfrak{z}_{1f}$. Durch die Bürsten wird die Läuferwicklung jedes Polpaares in zwei parallele Stromzweige geteilt, so daß der durch die Windungen fließende Strom $\frac{i_2}{2}$ ist, wenn

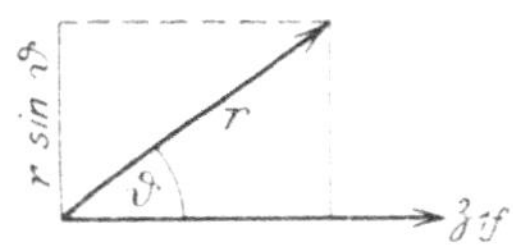

Abb. 17.

1) Daß die Läuferwicklung sich dreht, hat darauf keinen Einfluß, weil immer neue Windungen unter die Bürste treten und infolgedessen die Lage der freien Magnetpole n, s des Läufers im Raume unverändert bleibt, nämlich dort, wo sich der Läuferstrom in die beiden Wicklungszweige teilt.

i_2 der durch eine Bürste fließende Strom ist. Bei einem Trommelläufer umschließt jede Windung eine andere Kraftlinienmenge (Abb. 15), so daß (wie auf S. 18) noch mit dem Wicklungsfaktor f_2 des Läufers multipliziert werden muß[1]). Das Drehmoment eines Trommelläufers ist also

$$2\,p^2\,f_2\,N_2\,\frac{i_2}{2}\,\mathfrak{z}_{1f}\sin\vartheta = f_2\,p^2\,i_2\,N_2\,\mathfrak{z}_{1f}\sin\vartheta.$$

Bei Wechselstrom bedeuten i_2 und $\mathfrak{z}_{1f}$ die gleichzeitig bestehenden Augenblickswerte. Ist das Triebfeld $\mathfrak{z}_{1f} = \mathfrak{Z}_{1f}\sin\omega t$ und der Läuferstrom $i_2 = \mathfrak{J}_2\sin(\omega t - \psi)$, wobei ψ die Phasenverschiebung zwischen i_1 und i_2, also auch zwischen $\mathfrak{z}_{1f}$ und i_2 bedeutet, so ist das Drehmoment in jedem Augenblick

$$d = f_2\,p^2\,N_2\,\mathfrak{J}_2\,\mathfrak{Z}_{1f}\sin\vartheta\cdot\sin\omega t\cdot\sin(\omega t - \psi)$$

$$= f_2\,p^2\,N_2\,\mathfrak{J}_2\,\mathfrak{Z}_{1f}\sin\vartheta\cdot\frac{1}{2}\,[\cos\psi - \cos(2\,\omega t - \psi)].$$

Das Drehmoment ändert sich also periodisch, aber mit doppelter Frequenz ($2\,\omega$). Dabei ist die Nullinie FG des Drehmomentes über die Abzissenachse verschoben entsprechend dem $\cos\psi$. In Abb. 16 stellt die Linie d, die die schraffierten Flächen begrenzt, den Verlauf des Drehmomentes dar.

Um das mittlere Drehmoment D während einer Periode zu finden, muß man d über eine Periode integrieren und durch die Dauer einer Periode τ dividieren.

$$D = \frac{1}{\tau}\int_0^\tau \frac{1}{2}\,f_2\,p^2\,N_2\,\mathfrak{J}_2\,\mathfrak{Z}_{1f}\sin\vartheta\,[\cos\psi - \cos(2\,\omega t - \psi)]\,dt.$$

Berücksichtigt man, daß $\omega = \frac{2\pi}{\tau}$, so ist

$$D = \frac{1}{2\tau}\,f_2\,p^2\,N_2\,\mathfrak{J}_2\,\mathfrak{Z}_{1f}\sin\vartheta\left|\,t\cos\psi - \frac{\sin\left(\frac{4\pi}{\tau}t - \psi\right)}{\frac{4\pi}{\tau}}\right|_0^\tau$$

$$= \frac{1}{2\tau}\,f_2\,p^2\,N_2\,\mathfrak{J}_2\,\mathfrak{Z}_{1f}\sin\vartheta\,(\tau\cos\psi - 0)$$

$$= \frac{1}{2}\,f_2\,p^2\,N_2\,\mathfrak{J}_2\,\mathfrak{Z}_{1f}\sin\vartheta\cos\psi.$$

Führt man den effektiven Wert des Stromes $J_2 = \frac{1}{\sqrt{2}}\mathfrak{J}_2$ ein, so ist

$$D = \frac{\sqrt{2}}{2}\,f_2\,p^2\,N_2\,J_2\,\mathfrak{Z}_{1f}\sin\vartheta\cos\psi \quad . \;.\;.\;.\;.\;. \quad (59)$$

[1]) Der Wicklungsfaktor des Ständers ist gemäß Gl. 39 in $\mathfrak{z}_{1f}$ enthalten.

und zwar in absoluten Einheiten (Dyn $\times$ cm = Erg), wenn J und $\mathfrak{Z}$ in absoluten Einheiten ausgedrückt sind. Um es in kgm zu erhalten, muß durch $9{,}8 \cdot 10^7$ dividiert werden. Wird J in Ampere ausgedrückt, so ist durch $9{,}8 \cdot 10^8$ zu dividieren.

Das Drehmoment ist also am größten, wenn ψ (Phasenverschiebung zwischen Ständer- und Läuferstrom) gleich Null, und $\vartheta = 90$ ist. Das letztere ist bei Reihenmotoren der Fall, wenn die Bürsten senkrecht zur magnetischen Achse, d. h. in der neutralen Zone stehen.

Vergleicht man den letzten Ausdruck für D mit der EMK der Rotation (Gl. 54), so sieht man, daß ganz allgemein die Beziehung gilt

$$D = \frac{p\, E_{2r}\, J_2 \cos\psi}{2\pi u} \quad \ldots\ldots\ldots\ldots (60)$$

Hier ist $E_{2r}\, J_2 \cos\psi$ die der Drehung des Läufers entsprechende Leistung[1]), also die mechanische Leistung für ein Polpaar; somit ist $p\, E_{2r}\, J_2 \cos\psi$ die gesamte mechanische Leistung. Und weil $2\pi u$ die Winkelgeschwindigkeit des Läufers ist, so stimmt diese Gleichung überein mit dem Grundgesetz der Mechanik, wonach die mechanische Leistung gleich dem Produkte aus Drehmoment und Winkelgeschwindigkeit ist.

Es sei noch besonders hervorgehoben, daß laut Gl. 60 für das Drehmoment nur die EMK der Rotation, aber nicht die der Transformation in Betracht kommt. Diese ist also nicht nützlich, sondern nur schädlich, indem sie den wattlosen Stromverbrauch des Motors verursacht und die Funkenbildung unter den Bürsten vergrößert. Hierin liegt der Nachteil der Wechselstrommotoren gegenüber den Gleichstrommotoren, der durch besondere Mittel zwar vermindert, aber niemals beseitigt werden kann.

Wir erhalten für das Drehmoment noch einen anderen Ausdruck wenn wir Gl. 39 in Gl. 59 einsetzen; nämlich

$$D = p^2 \frac{4\pi}{\mathfrak{w}} N_1\, N_2\, f_1\, f_2\, J_1\, J_2 \sin\vartheta \cos\psi\,.$$

Dann ist nach Gl. 58

$$D = p^2\, M\, J_1\, J_2 \sin\vartheta \cos\psi \quad \ldots\ldots\ldots\ldots (61)$$

$$D = p^2\, \varkappa \sqrt{L_1\, L_2}\, J_1\, J_2 \sin\vartheta \cos\psi \quad \ldots\ldots\ldots (62)$$

Werden in den beiden letzten Gleichungen $J_1\, J_2\, M\, L_1\, L_2$ in praktischen Einheiten eingesetzt, so erhält man das Drehmoment in Joule. Um diese in kgm zu verwandeln, muß durch 9,8 dividiert werden.

7. Synchronismus und Schlüpfung bei Wechselfeldmotoren.

Bei Drehfeldmotoren, d. h. bei Motoren, deren magnetisches Feld, sich mit gleichförmiger Umlaufszahl u_s dreht, bezeichnet man als

---

[1]) Gemäß S. 22 ist ψ die Phasenverschiebung zwischen i_1 und i_2. Da aber E_{2r} gleiche Phase wie J_1 hat, so ist ψ auch die Phasenverschiebung zwischen E_{2r} und J_2.

synchrone Drehzahl oder „Synchronismus" schlechtweg diejenige Drehzahl des Läufers, die gleich der des Drehfeldes ist, also $(u)_{\text{synchr}} = u_s$. Bei jeder anderen Drehzahl spricht man von einer Schlüpfung des Läufers und definiert sie durch das Verhältnis der relativen Geschwindigkeit $u_s - u$ zur konstanten Drehzahl des Feldes, also durch

$$s = \frac{u_s - u}{u_s} .$$

Bei einem Wechselfeldmotor ist der Begriff des Synchronismus nicht ohne weiteres gegeben, weil das magnetische Feld sich nicht dreht. Es gibt aber eine Geschwindigkeit des Läufers, die insofern der synchronen Geschwindigkeit beim Drehfeldmotor entspricht, als dieselbe Stelle (g) des Läufers gerade immer dem Nordpol N des Ständerfeldes gegenübersteht, wenn das Wechselfeld seinen positiven Scheitelwert hat, und die entgegengesetzte Stelle (h) gerade immer dem Südpol S des Ständers gegenübersteht, wenn das Wechselfeld seinen negativen Scheitelwert hat. Bei einem zweipoligen Motor ($p = 1$) ist also die synchrone Drehzahl des Läufers gleich der Periodenzahl ν des Wechselstromes. Bei einem 4poligen Motor ($p = 2$) ist $u_s = \frac{\nu}{2}$, weil eben beim Vorübergang der Stelle g oder h des Läufers vor einem Polpaar erst eine halbe Umdrehung vollendet ist. Bei einem Motor mit p Polpaaren ist

$$u_s = \frac{\nu}{p} \text{*)}.$$

Der Unterschied der jeweiligen Drehzahl u des Läufers gegenüber der so definierten synchonen Drehzahl u_s, dividiert durch letztere, ist die Schlüpfung des Wechselfeldmotors, also wie bei einem Drehfeldmotor:

$$s = \frac{u_s - u}{u_s} = \frac{\frac{\nu}{p} - u}{\frac{\nu}{p}} = \frac{\nu - p\,u}{\nu} \quad \ldots\ldots \quad (63)$$

Bei Synchronismus ($u = u_s$) ist somit $s = 0$. Bei Stillstand ($u = 0$) ist $s = 1$, wie bei Drehfeldmotoren.

Der Synchronismus hat aber nur bei kommutatorlosen Motoren (5. Abschnitt) eine bestimmte Beziehung zum Drehmoment. Bei den Kommutatormotoren hat das Drehmoment einen vom Synchronismus unabhängigen, nur von der konstruktiven Beschaffenheit und der Belastung (Stromstärke) abhängigen Wert.

*) Die synchrone Drehzahl eines asynchronen Wechselfeldmotors ist also gleich der konstanten Drehzahl eines Synchronmotors von gleicher Polzahl. Aus der obigen Gleichung folgt $\nu = p\,u_s$; das ist die Periodenzahl des Stromes, den ein synchroner Stromerzeuger mit p Polpaaren bei u_s Umdrehungen liefert.

8. Frequenz und Wellenform des Läuferstromes.

Wenn der Läufer stillsteht, verhält sich seine Wicklung wie eine Drosselspule, der Strom von außen zugeführt wird (Reihenmotoren), oder wie die sekundäre Wicklung eines gewöhnlichen Transformators, wenn sie über die Bürsten kurzgeschlossen ist (Repulsionsmotoren). In beiden Fällen ist die Periodenzahl und Wellenform des Stromes in der Läuferwicklung und der Magnetisierung des Läufereisens dieselbe wie die des Stromes in der Ständerwicklung.

Dreht sich aber der Läufer synchron mit dem Ständerfeld, so ist die Periodenzahl des Läuferstromes und der Magnetisierung Null, weil eben — wie im vorhergehenden dargelegt wurde — der Synchronismus dadurch gekennzeichnet ist, daß immer dieselben Stellen des Läufers den Ständerpolen gegenüberstehen, wenn das Ständerfeld seinen positiven bzw. negativen Scheitelwert hat. Daraus folgt weiter, daß bei Synchronismus der Wechselstrom am Kommutator gerade immer in dem Augenblick kommutiert wird, wo er durch Null geht, so daß aus dem Wechselstrom ein pulsierender gleichgerichteter Strom entsteht. Die oszillographische Aufnahme in Abb. 18 (obere Kurve) zeigt das[1]). Die punktiert eingezeichnete Kurve wäre der Verlauf des Stromes, wenn er nicht durch den Kommutator ginge[2]). Die Kraftlinien des Ständerfeldes durchsetzen dabei den Läufer immer in derselben Richtung und ändern nur ihre Anzahl zwischen Null und dem Scheitelwert, so daß auch die Magnetisierung des Läufereisens — abgesehen vom Einfluß der Hysterese — wie der Wellenzug zwischen $a\,b$ verläuft.

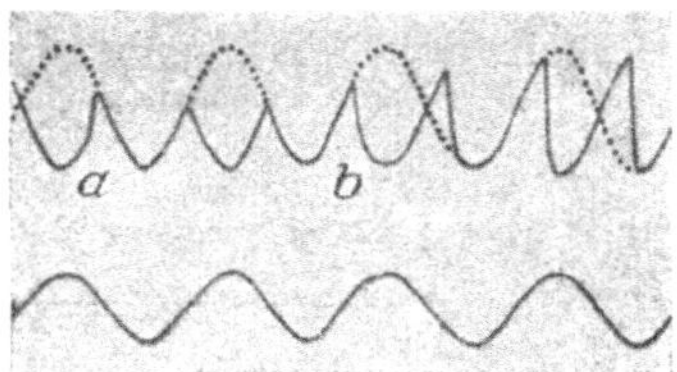

Abb. 18. Schlüpfung $s = 0$

Bei einer zwischen Stillstand und Synchronismus liegenden Geschwindigkeit hat die Periodenzahl der Magnetisierung des Läufers einen zwischen ν und Null liegenden Wert ν_2, der sich aus folgender Überlegung ergibt. Bleibt der Läufer in einem zweipoligen Felde während einer Sekunde gerade um eine halbe Umdrehung hinter der synchronen Drehzahl zurück ($u_s - u = 1/2$), so gehen die Kraftlinien am Ende der Sekunde in entgegengesetzter Richtung durch den Läufer wie am Anfang der Sekunde. Diese Veränderung der Läuferstellung gegen die Kraftlinien des Ständers hat sich in stetiger Drehung abgespielt, so daß also die Magnetisierung des Läufers eine halbe Periode

[1]) Abb. 18 bis 21 nach K. Schenfer, „Elektrot. u. Masch." Wien 1911, S. 1087. Die untere Kurve in diesen Abbildungen zeigt den Ständersrtom. Dieser Artikel enthält auch eine bis auf die Vernachlässigung der gegenseitigen Induktion streng richtige Behandlung des Kommutierungsvorganges.

[2]) Genauer Synchronismus bestand da nur zwischen $a\,b$. Rechts von b nahm die Geschwindigkeit ab, weshalb die Kommutierung hier etwas später als nach einer halben Welle stattfand.

durchlaufen hat. Bleibt der Läufer während einer Sekunde um eine Umdrehung hinter der synchronen Drehzahl zurück ($u_s - u = 1$), so gehen die Kraftlinien am Ende der Sekunde in derselben Richtung durch den Läufer wie am Anfang der Sekunde, so daß also die Magnetisierung während einer Sekunde eine ganze Periode durchlaufen hat. Die relative Geschwindigkeit $u_s - u$ bestimmt also die Frequenz der Magnetisierung des Läufers. Hat der Motor nicht 1 sondern p-Polpaare, so spielt sich im Bereich jedes Polpaares dasselbe ab, so daß die Frequenz der Magnetisierung das $p$fache von der eines Polpaares ist, d. h. sie ist

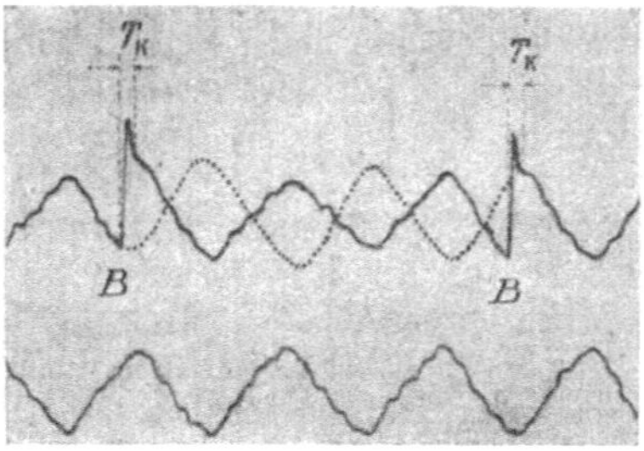

Abb. 19. Schlüpfung $s = \frac{1}{6}$.

$$\nu_2 = p\,(u_s - u) \quad . \quad . \; (64)$$

Nach dem Vorhergehenden ist die Schlüpfung definiert durch

$$s = \frac{u_s - u}{u_s},$$

so daß also

$$\nu_2 = p\,u_s\,s = s\,\nu \quad . \; . \; . \; . \; . \; . \; . \; . \; . \; (65)$$

ist. Das scheint im Widerspruch zu stehen mit den Gl. 41 und 42 für die EMK der Transformation und der Rotation, wonach diese beiden dieselbe Frequenz ω wie der Ständerstrom i_1 haben. Man darf aber nicht die Voraussetzung machen, daß die Gesetze der ruhenden Trans-

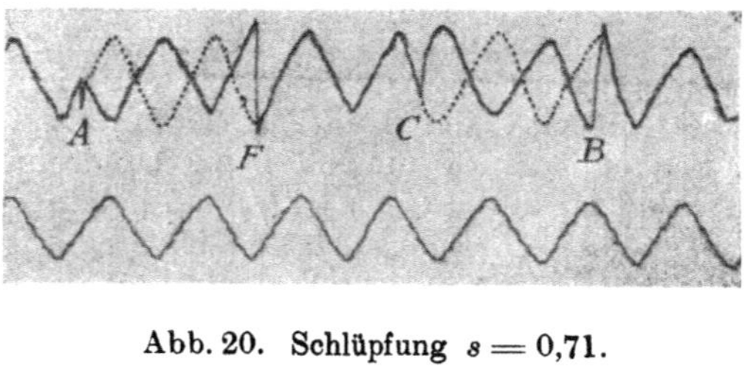

Abb. 20. Schlüpfung $s = 0{,}71$.

formation auch für rotierende Wicklungen mit Kommutator gelten. Insbesondere gilt nicht, daß die EMK in der Wicklung des rotierenden Teiles dieselbe Frequenz hat wie die Magnetisierung dieses Teiles, und daß der Verlauf des Stromes mit dem Verlauf der Magnetisierung übereinstimmt, denn die Magnetisierung ändert sich stetig, während durch die Kommutierung eine plötzliche Änderung im Stromverlauf bewirkt wird. Die oszillographischen Aufnahmen Abb. 18 bis 21 zeigen das. Bei synchroner Geschwindigkeit ($s = 0$) findet, wie schon oben dargetan wurde, eine Umklappung jeder zweiten Halbwelle statt. Wenn man den so entstandenen pulsierenden Strom als einen Strom von der Frequenz Null betrachtet (weil er immer dieselbe Richtung hat), so kann man annehmen, daß die obige Beziehung $\nu_2 = s\,\nu$ auch für den Strom gilt. Abb. 19 zeigt den Läuferstrom bei 300 Umdrehungen in einer Minute, also bei $^1/_5$ der synchronen Geschwindigkeit oder bei der Schlüpfung $s = \frac{1500 - 300}{1500} = \frac{4}{5}$ *). Infolgedessen verlaufen 5 Halbwellen (des unkommutierten Stromes) zwischen zwei aufeinander-

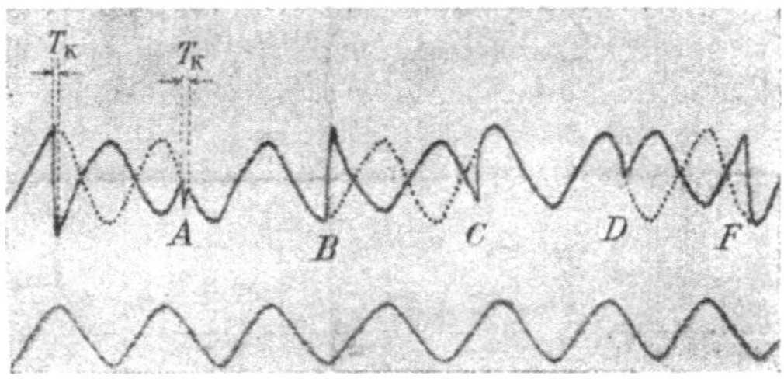

Abb. 21. Schlüpfung $s = 0{,}6$.

folgenden Kommutierungen (bei B). Bei jeder Kommutierung geht, wie man sieht, eine halbe Welle, also $^1/_5$ des Wellenzuges zwischen B und B verloren, denn der Strom springt vom negativen Scheitelwert auf den positiven. Bei 50 ganzen Perioden gehen also 10 verloren, d. h. die Frequenz des kommutierten Stromes ist nur mehr 40. Dasselbe ergibt sich aus der obigen Beziehung $\nu_2 = s\,\nu = \frac{4}{5}\,50 = 40$. Weniger übersichtlich ist das bei anderen Drehzahlen wie bei Abb. 20 und 21, die nicht einen ganzzahligen Bruchteil der synchronen Drehzahl bilden. Wenn man aber die durch Kommutierung verloren gegangenen Teile des Wellenzuges abmißt, findet man auch da die Anzahl der verbleibenden Wellen gleich $s\,\nu = \nu_2$. Das gilt, wie gesagt, nur für die Anzahl der Stromwellen. Betrachtet man aber die zwischen zwei Kommutierungen liegenden Teile des Stromverlaufs, so sieht man, daß dieser genau so ist wie der darunter aufgezeichnete Ständerstrom (besonders deutlich in Abb. 19). Daher ist der induktive Widerstand des Läufers $\omega L_2 = 2\pi\nu L_2$, nicht $2\pi\nu_2 L_2$; denn der induktive Widerstand irgendeines Wechselstromkreises kann dadurch keine Änderung erfahren, daß der Strom unterbrochen und in umgekehrtem Sinne wieder geschlossen wird. Während also die Anzahl der Stromwellen in einer Sekunde mit

*) Der Motor war vierpolig, d. h. $p = 2$. Daher ist die synchrone Drehzahl bei einem Wechselstrom von 50 Per./Sek.: $u_s = \frac{50 \cdot 60}{2} = 1500$ in einer Minute.

abnehmender Schlüpfung abnimmt, bleibt die Periodendauer τ unverändert. Diese, aber nicht die Anzahl der ganzen Wellen bestimmt den Wert des Differentialquotienten $\frac{di}{dt}$, und von diesem hängt der induktive Widerstand ab, der infolgedessen konstant gleich dem bei Stillstand ist. Die für einen stetig verlaufenden Wellenzug gültige Beziehung $\nu = 1/\tau$ gilt also für einen kommutierten Läuferstrom nicht. Jedenfalls kann nach einem Durchgang durch einen rotierenden Kommutator von einem normalen Wechselstromverlauf wie bei Stillstand nicht mehr die Rede sein. Dies ist eine der Schwierigkeiten (die andere liegt in der Hysterese des Eisens), die eine genaue mathematische Behandlung der Kommutatormotoren unmöglich macht[1]).

Anders liegt die Sache bei den Induktionsmotoren ohne Kommutator (§ 40), wo der Strom nur durch Induktion in einem kommutatorlosen Stromkreis entsteht. Er hängt daher nur vom Verlauf der Magnetisierung des Läufers ab. Da diese, wie eben dargetan wurde, gleich $\nu_2 = s\,\nu$ ist, so hat auch der induzierte Läuferstrom genau den-

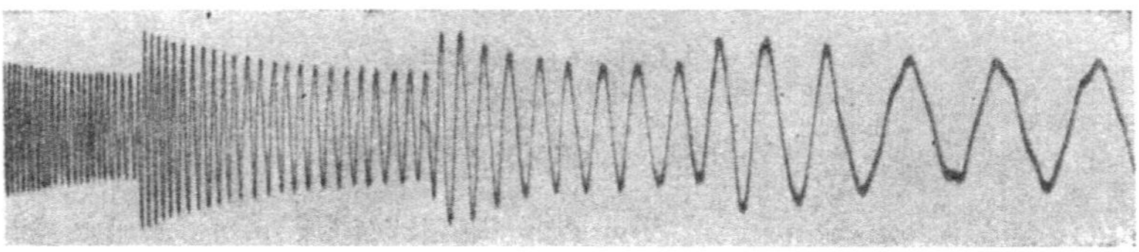

Abb. 22.

selben Verlauf. Abb. 22 zeigt das. Es ist die oszillographische Aufnahme des Läuferstromes eines Induktionsmotors während des Anlassens mit Hilfe eines stufenweise veränderlichen Widerstandes. Man sieht, wie die Frequenz abnimmt bis zu etwa 1 in einer Sekunde, entsprechend einer Schlüpfung von $s = 0{,}02$ (daher $\nu_2 = 0{,}02 \cdot 50 = 1$).

Die aus den Abb. 18 bis 21 ersichtliche Veränderung des Läuferstromes erstreckt sich, wie aus der obigen Erklärung hervorgeht, nur auf die rotierenden Teile des Stromkreises. In den feststehenden Teilen, also in den Bürsten und ihren Zuleitungen, ist der Stromverlauf ebenso wie im stillstehenden Läufer. Darin liegt nichts Auffälliges, weil in jedem ruhenden Leiter die Frequenz besteht, die unmittelbar zugeführt oder durch reine Transformation erzeugt wird.

Die oft angewendete Bezeichnung „Frequenzwandler" für den Kommutator wird leicht mißverstanden. Man darf sich darunter nicht

[1]) Dagegen zeigt sich bei der experimentellen Untersuchung dieser Motoren keine Schwierigkeit, wenn man sich auf die Leistungsgrößen, den Ohmschen Widerstand w, den äquivalenten Widerstand ϱ und den äquivalenten induktiven Widerstand $\omega\lambda$ beschränkt (§ 14), weil diese nur von den effektiven Werten des Stromes, der Spannung und der Leistung abhängen.

mehr vorstellen, als oben dargetan wurde, und darf insbesondere nicht vergessen, daß der induktive Widerstand des rotierenden Läufers $2\pi\nu L_2$, aber nicht $2\pi\nu_2 L_2$ ist.

9. Einteilung der Kommutatormotoren.

Das Vorhergehende gilt allgemein für alle Wechselfeld-Kommutatormotoren. Die einzelnen Arten ergeben sich als folgende Sonderfälle.

Stehen die Bürsten in der neutralen Zone, so ist $\vartheta = 90^0$, also $\sin\vartheta = 1$, $\cos\vartheta = 0$. Sind dabei Ständer- und Läuferwicklung nebeneinandergeschaltet, so hat man einen *Nebenschlußmotor*.

Sind Ständer- und Läuferwicklung hintereinandergeschaltet, so daß die gesamte Klemmenspannung in jedem Augenblick $k = k_1 + k_2$ und $i_2 = i_1$ ist, so hat man einen *Reihenschlußmotor*.

Ist bei einem Reihenschlußmotor nebst den Haupt- oder Arbeitsbürsten noch ein kurzgeschlossenes Bürstenpaar vorhanden, das in der Richtung der magnetischen Achse des Ständers steht, so ergibt sich der *Reihen-Kurzschlußmotor* von *Winter* und *Eichberg*. Sind zwei kurzgeschlossene Bürstenpaare in paralleler Lage zur magnetischen Achse vorhanden, so ergibt sich der *Reihen-Kurzschlußmotor* von *Latour*.

Erhält die Läuferwicklung keinen Strom von außen, sondern ist sie über Kommutator und Bürsten kurzgeschlossen, so hat man einen *Repulsionsmotor*.

Demnach ergibt sich folgende Übersicht:

Asynchrone Wechselfeldmotoren
- Kommutatormotoren
  - Nebenschlußmotoren
  - Reihenmotoren
    - ohne Bürstenkurzschluß → gewöhnliche Reihenmotoren
    - mit Bürstenkurzschluß → Reihen-Kurzschlußmotoren nach *Winter-Eichberg* und *Latour*
- Induktionsmotoren
  - mit Kommutator → Repulsionsmotoren
  - ohne Kommutator → gewöhnliche Induktionsmotoren

Manche rechnen die Reihen-Kurzschlußmotoren nach *Winter-Eichberg* und *Latour* zu den Repulsionsmotoren, weil sie kurzgeschlossene *Hilfsbürsten* haben (nebst den Arbeitsbürsten, die Netzstrom zuführen). Das ist aber unrichtig. Denn nimmt man die Hilfsbürsten weg, so bleibt das Drehmoment bestehen. Nimmt man aber die Hauptbürsten weg und schickt Strom durch den Ständer allein, wie bei einem Repulsionsmotor, so ist das Drehmoment Null. Ferner haben die Reihen-Kurzschlußmotoren niemals ein negatives Drehmoment wie es beim Repulsionsmotor nach Überschreitung einer gewissen Drehzahl auftritt[1]). Endlich haben die Reihen-Kurzschlußmotoren hinsichtlich des Winkels ϑ denselben Drehsinn, wie die gewöhnlichen Reihenmotoren $\left(\frac{d\vartheta}{dt}\text{ negativ}\right)$, während die Repulsionsmotoren entgegengesetzten Drehsinn haben $\left(\frac{d\vartheta}{dt}\text{ positiv}\right)$. Vgl. § 2 u. 30.

II. Reihenmotoren.

10. Die Stromstärke.

Bei diesen Motoren sind Ständer- und Läuferwicklung hintereinander (in Reihe) geschaltet. Daher ist die Stromstärke in beiden Teilen dieselbe, und die gesamte Klemmenspannung (k, K) besteht aus der Spannung der Ständerwicklung (k_1, K_1) und der Spannung der Läuferwicklung oder der Bürstenspannung (k_2, K_2). Die mathematische Begriffsbestimmung der Reihenmotoren lautet also:

$$i_1 = i_2 = i, \qquad J_1 = J_2 = J$$
$$k_1 + k_2 = k, \qquad K_1 + K_2 > K.$$

Bei richtiger Bürstenstellung, d. h. wenn die Bürsten in der neutralen Linie stehen ($\vartheta = 90^0$), ist gemäß den Darlegungen in § 4 die EMK der Transformation Null. Um aber den Einfluß der Bürstenstellung auf Stromstärke und Drehmoment zu erkennen, werden wir die Annahme $\vartheta = 90^0$ vorläufig nicht machen, sondern die EMKe der Transformation e_{1t} und e_{2t} beibehalten. Dann ist die Ständerspannung nach Gl. 23

$$k_1 = w_1 i - e_1 = w_1 i - e_{1s} - e_{1f} - e_{1t}.$$

Nach Einsetzung der Gl. 12 ergibt sich

$$k_1 = w_1 i + (L_{1s} + L_{1f} + M \cos\vartheta)\frac{di}{dt}$$

Berücksichtigt man noch $L_{1s} + L_{1f} = L_1$, so ist

$$k_1 = w_1 i + \underbrace{(L_1 + M\cos\vartheta)}_{\lambda_1}\frac{di}{dt} \quad \ldots\ldots \quad (66)$$

Die Läuferspannung ist nach Gl. 24 und 21:

$$k_2 = w_2 i - e_2 = w_2 i - e_{2s} - e_{2f} - e_{2t} - e_{2r}$$
$$= w_2 i + (L_{2s} + L_{2f} + M\cos\vartheta)\frac{di}{dt} + i\,v\,\omega\,M \sin\vartheta$$

---

[1]) Eichberg selbst hat sie nicht als Repulsionsmotoren, sondern als Reihenmotoren mit Läuferkurzschluß betrachtet.

und weil $L_{2s} + L_{2f} = L_2$, so ist

$$k_2 = \underbrace{(w_2 + v\,\omega\,M \sin\vartheta)}_{\varrho_2}\,i + \underbrace{(L_2 + M\cos\vartheta)}_{\lambda_2}\frac{di}{dt} \quad \ldots (67)$$

Die Spannungsgleichungen haben also dieselbe Form wie für einen gewöhnlichen Stromkreis, nur daß an Stelle der reinen Selbstinduktion der äquivalente Wert λ_1 bzw. λ_2 und an Stelle des Ohmschen Widerstandes w_2 der äquivalente Wert ϱ_2 getreten ist. Infolgedessen kann man sogleich die effektive Stromstärke anschreiben. Aus Gl. 66 folgt

$$J = \frac{K_1}{\sqrt{w_1^2 + \omega^2\lambda_1^2}} = \frac{K_1}{\sqrt{w_1^2 + \omega^2(L_1 + M\cos\vartheta)^2}} \quad \ldots (68)$$

Aus Gl. 67 folgt

$$J = \frac{K_2}{\sqrt{\varrho_2^2 + \omega^2\lambda_2^2}} = \frac{K_2}{\sqrt{(w_2 + v\,\omega\,M\sin\vartheta)^2 + \omega^2(L_2 + M\cos\vartheta)^2}} \quad (69)$$

Da beim Reihenmotor Ständer und Läufer hintereinandergeschaltet sind, ergibt sich die Stromstärke aus der gesamten Klemmenspannung (Netzspannung) K, wenn im scheinbaren Widerstand die äquivalenten Widerstände und die äquivalenten Selbstinduktionen addiert werden. Daher ist

$$J = \frac{K}{\sqrt{(w_1 + w_2 + v\,\omega\,M\sin\vartheta)^2 + \omega^2(L_1 + L_2 + 2M\cos\vartheta)^2}} \quad . (70a)$$

Stehen die Bürsten richtig in der neutralen Linie ($\vartheta = 90^0$), so ist $\cos\vartheta = 0$ und daher auch $e_{1t} = 0$ und $e_{2t} = 0$. Die Stromstärke ist dann

$$J = \frac{K}{\sqrt{(w_1 + w_2 + v\,\omega\,M)^2 + \omega^2(L_1 + L_2)^2}} \quad \ldots (70b)$$

sie ist also größer als bei unrichtiger Bürstenstellung, und das hat, wie wir sehen werden, auch ein größeres Drehmoment zur Folge.

11. Das Drehmoment.

Da bei Reihenmotoren $J_1 = J_2 = J$ und infolgedessen die Phasenverschiebung ψ zwischen diesen Strömen Null ist, so folgt aus Gl. 61 (S. 23) für das Drehmoment

$$D = J^2\,p^2\,M\sin\vartheta \quad \ldots\ldots\ldots (71a)$$

In Abhängigkeit von der Stromstärke würde also das Drehmoment wie eine Parabel verlaufen. Praktisch trifft das nicht genau zu, weil sich die magnetische Durchlässigkeit des Eisens und dadurch auch M mit der Stromstärke etwas ändert.

Nach Einsetzung der Gl. 70a erhält man

$$D = \frac{K^2 p^2 M \sin\vartheta}{(w_1 + w_2 + v\,\omega\,M \sin\vartheta)^2 + \omega^2 (L_1 + L_2 + 2\,M \cos\vartheta)^2} \quad . \quad (71\text{b})$$

Abb. 23 zeigt das Drehmoment in Abhängigkeit von der Geschwindigkeit $\left(v = \frac{u}{u_s} = \frac{p}{\nu}\,u\right)$ für $\vartheta = 90^0$ und 80^0. v ist negativ, wenn der Läufer gegen das Drehmoment gedreht und dadurch Strom erzeugt wird (§ 24). In jedem Falle wird also das Drehmoment erst bei unendlich großer Drehzahl Null. Man sagt: die Reihenmotoren gehen bei Entlastung durch. Sie unterscheiden sich dadurch wesentlich von den Nebenschlußmotoren (§ 27) und Repulsionsmotoren (§ 32), deren Drehmoment schon bei einer gewissen endlichen Drehzahl Null wird.

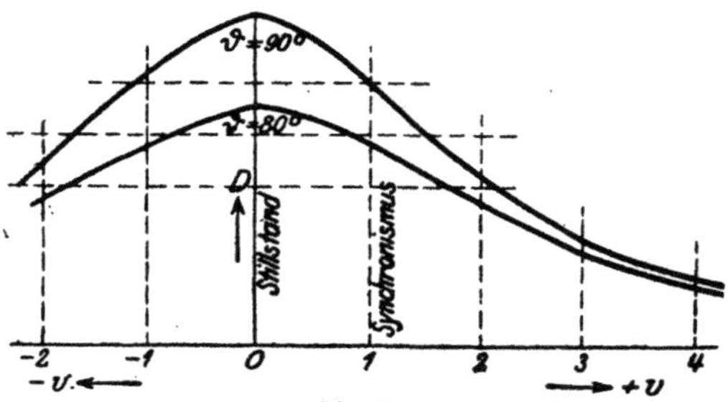

Ab. 23.

Stehen die Bürsten richtig, d. h. in der neutralen Linie ($\vartheta = 90^0$), so ist das Drehmoment am größten. In diesem Falle ist bei normalen Motoren w_1 und w_2 vernachlässigbar klein gegenüber den anderen Gliedern. Berücksichtigt man ferner $M = \varkappa\sqrt{L_1 L_2}$, so geht die vorige Gleichung über in

$$D = \frac{K^2 p^2 \varkappa \sqrt{L_1 L_2}}{(v\,\omega\,\varkappa\sqrt{L_1 L_2})^2 + \omega^2 (L_1 + L_2)^2} \quad . \quad . \quad . \quad . \quad (71\text{c})$$

Das Drehmoment ist demnach um so größer, je größer der Kupplungsfaktor $\varkappa$ (d. h. je kleiner die Streuung) und je kleiner die Frequenz ω^2 ist. Bei Gleichstrom ($\omega^2 = 0$) ist es am größten.[1]) Bei Wechselstrom muß man die Windungszahlen (die in L_1 und L_2 stecken) um so kleiner wählen, je höher die Frequenz ω ist. Dabei ist es nicht gleichgültig, wie man die gesamte Selbstinduktion ($L_1 + L_2$) auf Ständer und Läufer verteilt, weil im Zähler das Produkt $L_1 L_2$ steht. Dieses ist am größten, wenn $L_1 = L_2$ ist.

Wir betrachten noch das Anlaufsdrehmoment bei richtiger Bürstenstellung ($\vartheta = 90^0$). Es ergibt sich aus Gl. 71b, wenn man die Geschwindigkeit $v = 0$ setzt. Es ist

---

[1]) Das erste Glied im Nenner verschwindet bei Gleichstrom nicht, denn nach S. 9 ist $v\,\omega = 2\,\pi\,p\,u$, also nicht der Frequenz, sondern der Drehzahl u proportional.

$$D_a = p^2 \varkappa \sqrt{L_1 L_2}\, J^2 = \frac{K^2 p^2 \varkappa \sqrt{L_1 L_2}}{(w_1 + w_2)^2 + \omega^2 (L_1 + L_2)^2}.$$

Der Motor ist eben bei Stillstand nichts anderes als eine Drosselspule mit dem Widerstand $w_1 + w_2$ und der Selbstinduktion $L_1 + L_2$.

12. Spannungsdiagramme.

Wir betrachten im folgenden die Reihenmotoren nur mehr unter der Voraussetzung, daß die Bürsten richtig in der neutralen Zone stehen, daß also $\vartheta = 90^0$ und daher $E_{1t} = 0$, $E_{2t} = 0$ ist. Dann ergibt sich aus Gl. 68, nachdem man sie ins Quadrat erhoben, für die Klemmenspannung an der Ständerwicklung:

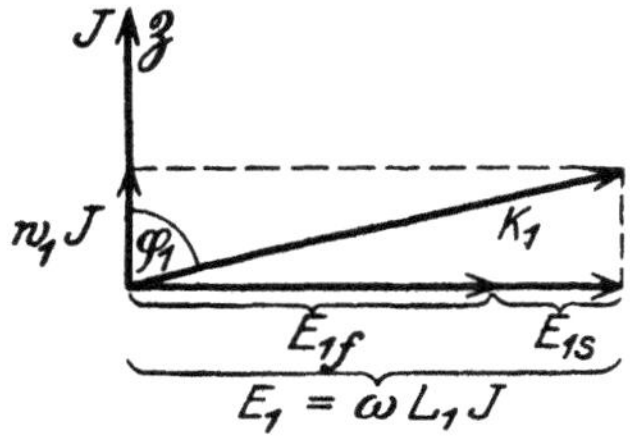

Ab. 24.

$$K_1^2 = (w_1 J)^2 + (\omega L_1 J)^2 = (w_1 J)^2 + (\underbrace{\underbrace{\omega L_{1s} J}_{E_{1s}} + \underbrace{\omega L_{1f} J}_{E_{1f}}}_{E_1})^2 \quad (72)$$

und aus Gl. 69 für die Klemmenspannung an der Läuferwicklung:

$$\begin{aligned} K_2^2 &= (w_2 J + v\,\omega M J)^2 + (\omega L_2 J)^2 \\ &= (w_2 J + \underbrace{v\,\omega M J}_{E_{2r}})^2 + (\underbrace{\underbrace{\omega L_{2s} J}_{E_{2s}} + \underbrace{\omega L_{2f} J}_{E_{2f}}}_{E_{L_2}})^2 \quad \ldots \quad (73) \end{aligned}$$

In Abb. 24 ist die erste Gleichung graphisch dargestellt, wobei nicht die EMKe als solche, sondern wie in Abb. 12 diejenigen Komponenten der Klemmenspannung, die ihnen das Gleichgewicht halten, eingezeichnet sind. Der Ohmsche Spannungsabfall $w_1 J$ hat gleiche Phase wie J, weil w_1 eine konstante Größe ist. In Abb. 25 ist die Gl. 73 graphisch dargestellt. Die Komponente der Klemmenspannung, die der EMK der Rotation E_{2r} das Gleichgewicht hält, hat wie in Abb. 12 gleiche Phase wie J. Aus dem Diagramm ergibt sich für die gesamte EMK des Läufers

$$E_2 = E_{2r}^2 + E_{L2}^2.$$

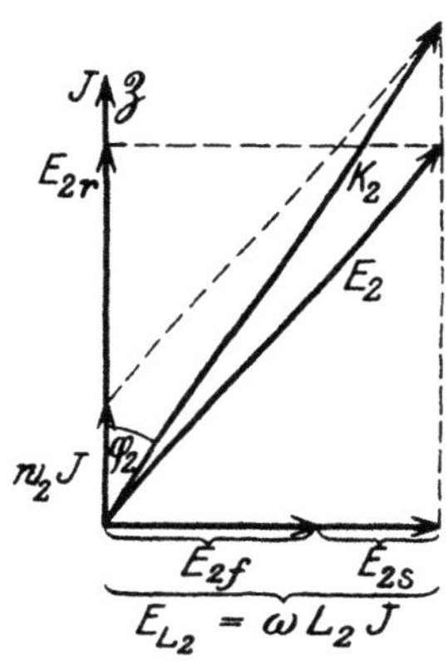

Abb. 25.

In Abb. 26 sind E_1 und E_2, sowie K_1 und K_2 aus den vorstehenden Diagrammen zusammengezeichnet. Ihre Resultierenden sind die gesamte EMK E und die gesamte Klemmenspannung K des Motors. Sie unter-

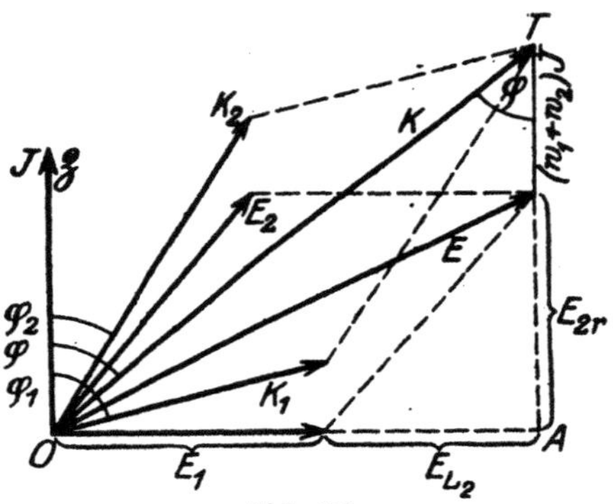

Abb. 26.

scheiden sich durch den gesamten Ohmschen Spannungsabfall $(w_1 + w_2) J$. Die EMK E steht (wegen des Einflusses von E_{2r}) nicht senkrecht auf diesem wie bei einem gewöhnlichen Wechselstromkreis.

Da nur ein Strom vorhanden ist, der sämtliche Feldkomponenten erzeugt, sind alle Felder $\mathfrak{Z}_{1f}$, $\mathfrak{Z}_{2f}$, $\mathfrak{Z}_{L_1}$, $\mathfrak{Z}_{2}$, in gleicher Phase wie J, was in den Diagrammen dadurch zum Ausdruck gebracht ist, daß $\mathfrak{Z}$ neben J steht.

Aus Abb. 26 ersieht man, daß die Phasenverschiebung zwischen K_2 und K_1 gleich $\varphi_1 - \varphi_2$ ist. Daher ist

$$K = \sqrt{K_1^2 + K_2^2 + 2 K_1 K_2 \cos(\varphi_1 - \varphi_2)}\,.$$

Nach dem Gesetz von der Erhaltung der Arbeit muß die gesamte vom Motor aufgenommene elektrische Leistung gleich der Summe der elektrischen Leistung im Ständer und Läufer sein, d. h.

$$K J \cos\varphi = K_1 J \cos\varphi_1 + K_2 J \cos\varphi_2,$$

oder

$$K \cos\varphi = K_1 \cos\varphi_1 + K_2 \cos\varphi_2\,,$$

welche Gleichung zur Berechnung eines Leistungsfaktors aus den beiden anderen dienen kann.

13. Das Arbeitsdiagramm.

Aus dem Spannungsdiagramm Abb. 26 ergibt sich ein einfaches Arbeitsdiagramm für veränderliche Belastung (Stromstärke) bei konstanter Klemmenspannung K und konstanter Frequenz ω.

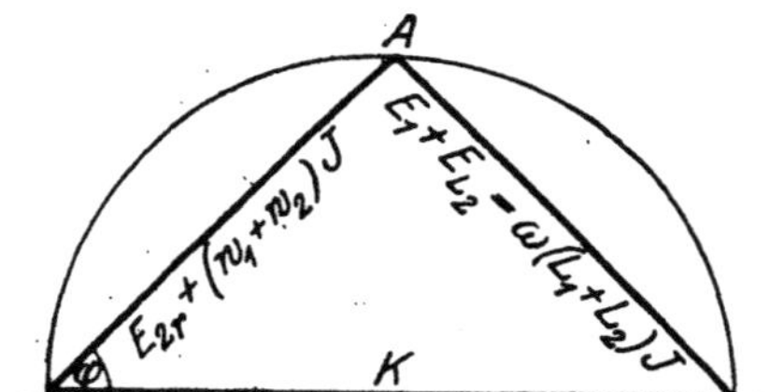

Abb. 27.

Wenn K konstant ist, liegen alle rechtwinkligen Dreiecke OAT, die sich für verschiedene Werte der Stromstärke J ergeben, in einem Halbkreis über OT, weil eben der Winkel bei A ein rechter ist. So ergibt sich Abb. 27, in der sich der Punkt A bei veränderlicher Stromstärke auf dem Halkbreis bewegt. Da $OA = E_1 + E_{L_2} = \omega (L_1 + L_2) J$ ist, so ist OA proportional der Stromstärke J, wenn ω konstant ist[1]). Zieht man die Senkrechte AR (Abb. 28), so ist

$$AR = OA \cos\varphi,$$

also

$$AR \sim J \cos\varphi\,^{*}).$$

Diese Senkrechte gibt also in demselben Maßstabe, der für OA gilt, die Wattkomponente des Stromes. Multipliziert man mit der Klemmenspannung K, so erhält man die vom Motor aufgenommene Leistung P

$$KJ\cos\varphi = P \sim AR;$$

d. h. dieselbe Senkrechte gibt in einem anderen Maßstabe, der sich aus dem Strommaßstabe durch Multiplikation mit K ergibt, die aufgenommene Leistung. Nach Abzug der Verluste durch Stromwärme, Hysterese und Wirbelströme, Luft- und Lagerreibung ergibt sich dann die Nutzleistung P_n.

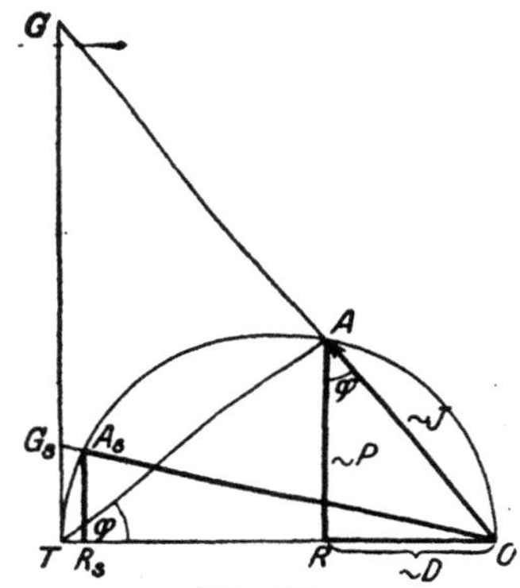

Abb. 28.

Auch das Drehmoment ergibt sich sofort aus diesem Diagramm, denn nach Gl. 71a ist es dem Quadrate der Stromstärke proportional, also $D \sim \overline{OA}^2$. Nun ist im rechtwinkligen Dreieck OAT:

$$\overline{OA}^2 = \overline{OR} \times \overline{OT}.$$

Da aber OT konstant ist, so ist in einem anderen Maßstabe

$$D \sim OR.$$

Näherungsweise kann man auch die Drehzahl u des Läufers graphisch darstellen.[2]) Nach Gl. 54 ist $E_{2r} = c\,u\,\mathfrak{Z}_{1f}$, also

$$u \sim \frac{E_{2r}}{\mathfrak{Z}_{1f}}.$$

Vernachlässigt man zunächst den Ohmschen Spannungsabfall $(w_1 + w_2)J$, so ist nach Abb. 27 $AT = E_{2r}$. Ferner ist $OA \sim \mathfrak{Z}_{1f}$, weil OA dem Strome J proportional ist. Mithin ist

$$u \sim \frac{AT}{AO} = \operatorname{cotg}\varphi.$$

Nun ist aber $\varphi = 90 - \sphericalangle AOT$, also

$$\operatorname{cotg}\varphi = \operatorname{tg} AOT = \frac{TG}{TO},$$

[1]) Man beachte, daß OA die Stromstärke nur der Größe nach darstellt, aber nicht der Richtung nach, denn die Richtung des Stromes hat jener Vektor, der die Ohmschen Spannungsabfälle w_1J, w_2J enthält und mit K den Winkel φ bildet. Das ist der Vektor AT.

*) Das Ähnlichkeitszeichen ~ bedeutet hier Proportionalität.

[2]) Heubach, „Der Wechselstrom-Serienmotor", Stuttgart 1903.

wenn die Linie TG senkrecht zu TO gezogen wurde. Da aber OT konstant ist, so ist $u \sim TG$. Verfolgen wir die Arbeitsweise, ausgehend vom Stillstand des Läufers, so ergibt sich: Bei Stillstand ist $E_{2r} = 0$, also $TA_s = (w_1 + w_2) J$. Der Punkt A_s entspricht also dem Stillstand. Die Verlängerung von OA bis zum Schnitt mit TG soll, wie oben gezeigt wurde, die Drehzahl derart bestimmen, daß $TG \sim u$ ist. Da die Drehzahl bei Stillstand Null ist, so dürfen wir also die Drehzahl nicht von T an rechnen, sondern erst von G_s an, d. h. es ist

$$u \sim G_s G.$$

Damit ist der oben begangene Fehler (Vernachlässigung des Ohmschen Spannungsabfalles) wieder nahezu verbessert.

Mit wachsender Drehzahl nimmt nun die Stromstärke (AO), die Phasenverschiebung φ und das Drehmoment (OR) ab. Die aufgenommene Leistung (AR) aber steigt, bis sie in der Mitte des Halbkreises den größten Wert erreicht. Die Nutzleistung hat ihren größten Wert nicht gleichzeitig, weil der Stromwärmeverlust mit dem Quadrate der Stromstärke abnimmt, so daß die größte Nutzleistung etwas später, d. h. bei etwas kleinerer Stromstärke erreicht wird. Mit weiter abnehmender Stromstärke (Belastung) nimmt das Drehmoment bis Null ab, während die Drehzahl ($G_s G$) sehr rasch bis unendlich wächst; d. h. der Motor „geht durch". Praktisch wird die Drehzahl natürlich nicht unendlich groß, weil die Reibung eine mit der Drehzahl zunehmende Belastung darstellt.

Zur Konstruktion dieses Kreisdiagramms für einen gegebenen oder zu berechnenden Motor zeichnet man zuerst in einem gewählten Maßstab den Durchmesser $OT = K$. Zur Bestimmung der anderen Maßstäbe muß man wenigstens für einen Punkt Stromstärke J und Leistung P kennen, indem sie entweder experimentell bestimmt oder berechnet werden. Daraus erhält man $\cos\varphi = \frac{P}{KJ}$ und daraus φ, so daß nun die entsprechende Lage des Punktes A bestimmt ist. Aus $\frac{P}{AR}$ ergibt sich nun der Maßstab der Leistung, aus $\frac{J}{AO}$ der Maßstab der Stromstärke. Um den Maßstab der Drehzahl $G_s G$ zu erhalten, muß sie natürlich auch für einen Belastungspunkt bekannt sein.

14. Die elektrischen Widerstandsgrößen mit Berücksichtigung der Eisenverluste.

Nach Gl. 69 ist die Stromstärke und Phasenverschiebung hinsichtlich der Läuferspannung

$$J = \frac{K_2}{\sqrt{\varrho_2^2 + (\omega\lambda_2)^2}},$$

$$\operatorname{tg}\varphi_2 = \frac{\omega\lambda_2}{\varrho_2}.$$

Die experimentelle Ermittlung der äquivalenten Widerstandsgrößen ergibt sich aus folgendem. Setzt man die letzte Gleichung in die vorletzte ein, so ist

$$J = \frac{K_2}{\sqrt{\varrho_2{}^2 + \varrho_2{}^2 \operatorname{tg}^2 \varphi_2}} = \frac{K_2 \cos \varphi_2}{\varrho_2}.$$

Multipliziert man Zähler und Nenner mit J, so ist

$$\varrho_2 = \frac{J K_2 \cos \varphi_2}{J^2} = \frac{P_2}{J^2} \quad \text{. . . . . (74)}$$

$$\omega \lambda_2 = \sqrt{\left(\frac{K_2}{J}\right)^2 - \varrho_2{}^2} \quad \text{. . . . . (75)}$$

P_2 ist die gesamte, dem Läufer zufließende Leistung, die mit einem Wattmeter gemessen werden kann, dessen Stromspule vom Strom J durchflossen wird, und dessen Spannungsspule an die Bürsten angeschlossen ist. Sie besteht aus der mechanischen Nutzleistung P_n, der Luft- und Lagerreibung R, dem Wirbelstrom- und Hystereseverlust im Läufer H_2 und dem Stromwärmeverlust in der Läuferwicklung V_2, so daß

$$P_2 = P_n + R + H_2 + V_2$$

Der Stromwärmeverlust ist nach dem Jouleschen Gesetz

$$V_2 = w_2 J^2.$$

Dann ist der äquivalente Ohmsche Widerstand des Läufers

$$\varrho_2 = \frac{P_n + R + H_2}{J^2} + w_2.$$

Setzt man $\frac{P_n}{J^2} = w_n$ so ist w_n ein der Nutzleistung entsprechender Widerstand. Setzt man $\frac{R}{J^2} = w_r$, so ist w_r ein dem Reibungsverlust entsprechender Widerstand. Setzt man $\frac{H_2}{J^2} = w_{h\,2}$, so ist $w_{h\,2}$ ein dem Hysterese- und Wirbelstromverlust im Läufer entsprechender Widerstand. Mithin ist $w_2 + w_r + w_{h\,2} = w_{v\,2}$ ein den gesamten Verlusten des Läufers entsprechender Widerstand, den wir Verlustwiderstand des Läufers nennen, während wir w_n als Leistungswiderstand des Motors bezeichnen. Dann ist

$$\varrho_2 = w_n + w_{v\,2} \quad \text{. . . . . (76)}$$

$$\omega \lambda_2 = \sqrt{\left(\frac{K_2}{J}\right)^2 - (w_n + w_{v\,2})^2} \quad \text{. . . . . . (77)}$$

Der äquivalente Ohmsche Widerstand ist also um so größer, der äquivalente induktive Widerstand um so kleiner, je größer die Leistung und die Verluste sind. Daraus folgt weiter, daß die Phasenverschiebung φ_2 um so kleiner ist.

In Gl. 68 haben wir den reinen Widerstnad w_1 eingesetzt. Das ist genau genommen nur zulässig, wenn im Ständer keine sekundären Verluste (Wirbelströme und Hysterese) vorkommen. Solche sind aber im Eisenkörper des Ständers vorhanden, und daher muß man genau genommen statt Gl. 68 schreiben:

$$J = \frac{K_1}{\sqrt{\varrho_1^2 + (\omega\lambda_1)^2}}, \qquad \operatorname{tg}\varphi_1 \frac{\omega\lambda_1}{\varrho_1}.$$

Nun ist wie oben

$$\varrho_1 = \frac{P_1}{J^2}, \qquad \omega\lambda_1 = \sqrt{\left(\frac{K_1}{J}\right)^2 - \varrho_1^2},$$

wenn P_1 die gesamten Verluste im Ständer bedeutet. Diese bestehen aus dem Stromwärmeverlust in der Ständerwicklung $w_1 J^2$ und dem Wirbelstrom- und Hystereseverlust im Eisen H_1. Setzt man $\frac{H_1}{J^2} = w_{h1}$, so ist dies der diesem Eisenverlust entsprechende Verlustwiderstand. Dann ist

$$\varrho_1 = w_1 + w_{h1}$$

$$\omega\lambda_1 = \sqrt{\left(\frac{K_1}{J}\right)^2 - (w_1 + w_{h1})^2}.$$

Nun kann J aber auch durch die gesamte Klemmenspannung K und den gesamten scheinbaren Widerstand des Motors ausgedrückt werden

$$J = \frac{K}{\sqrt{(\varrho_1 + \varrho_2)^2 + (\omega\lambda_1 + \omega\lambda_2)^2}} \quad \ldots\ldots \quad (78)$$

$$\operatorname{tg}\varphi = \frac{\omega\lambda_1 + \omega\lambda_2}{\varrho_1 + \varrho_2} \quad \ldots\ldots\ldots\ldots \quad (79)$$

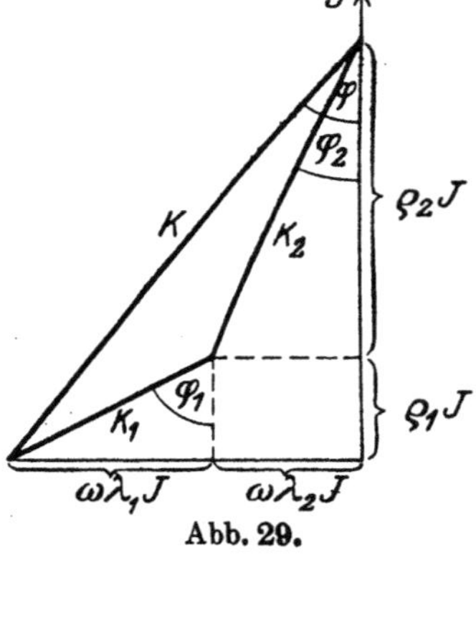

Abb. 29.

Abb. 29 zeigt das diesen Widerstandsgrößen entsprechende Spannungsdiagramm. In gleicher Phase wie J liegen die den äquivalenten Widerständen entsprechenden Spannungen $\varrho_1 J$ und $\varrho_2 J$, senkrecht dazu die induktiven Spannungsgrößen $\omega\lambda_1 J$ und $\omega\lambda_2 J$. Davon verschieden sind die Ohmschen Spannungsabfälle $w_1 J$ und $w_2 J$, sowie die reinen Induktionsspannungen $\omega L_1 J$, $\omega L_2 J$. Diese sind in den Abb. 24 bis 26 enthalten.

Vergleicht man Abb. 24 und 29, so sieht man, daß sie nicht übereinstimmen, denn dort ist die senkrechte Kathete von K_1 gleich $w_1 J$, während sie hier $\varrho_1 J = (w_1 + w_{h1}) J$ ist. Das erklärt sich eben daraus, daß hier der Eisenverlust im Ständer durch w_{h1} berücksichtigt wurde, dort aber nicht. Wird der Eisenverlust berücksichtigt, so gilt für den Ständer nicht mehr das Diagramm einer einzelnen Spule, sondern das des allgemeinen Transformators, wonach der Winkel zwischen E_1 und J nicht gleich 90° wie in Abb. 24, sondern etwas kleiner ist. Abb. 29 ist streng richtig; man kann sie aber nicht immer benützen, weil E_1 daraus nicht zu entnehmen ist, sondern man muß die weniger genaue Abb. 24 benützen. Werden die Eisenverluste, also auch w_{h1} vernachlässigt, so ist $\varrho_1 = w_1$ und $\omega \lambda_1 J = \omega L_1 J = E_1$ wie in Abb. 24.

15. Der Leistungsfaktor.

Wie bei allen Wechselstromverbrauchern soll der Leistungsfaktor $\cos\varphi$ möglichst nahe an 1 herankommen, d. h. die Phasenverschiebung φ möglichst klein sein. Nach Gl. 79 ist sie um so kleiner, je kleiner der gesamte äquivalente Induktionswiderstand, und je größer der gesamte äquivalente Ohmsche Widerstand ist. Unter letzterem befindet sich der Leistungswiderstand w_n, der nach dem Vorigen der Nutzleistung proportional ist. Die Phasenverschiebung nimmt also aus doppeltem Grunde mit wachsender Belastung des Motors ab. Sie kann aber niemals Null werden, weil das magnetische Feld des Ständers, und daher auch der Induktionswiderstand $\omega\lambda_1$ nicht Null sein kann. Bei gleicher Wicklung ist die Selbstinduktion eines Eisenkörpers mit Luftzwischenraum um so kleiner, je kleiner dieser ist.

Aus Gl. 70a ergibt sich ein anderer Ausdruck für die Phasenverschiebung, nämlich

$$\operatorname{tg}\varphi = \frac{\omega(L_1 + L_2 + 2\varkappa\sqrt{L_1 L_2}\cos\vartheta}{w_1 + w_2 + v\omega\varkappa\sqrt{L_1 L_2}\sin\vartheta} = \frac{\omega(L_1 + \lambda_2)}{w_1 + \varrho_2} \quad . \; . \; (80)$$

Dieser Ausdruck enthält die Eisenverluste nicht, zeigt aber die Abhängigkeit von der Bürstenstellung ϑ und von der Läufergeschwindigkeit v. Man sieht, daß φ um so kleiner ist, je näher ϑ an 90° liegt, und je größer v ist.

Multipliziert man Zähler und Nenner der letzten Gleichung mit J, nachdem man $L_2 = L_{2s} + L_{2f}$ gesetzt hat, so erhält man

$$\operatorname{tg}\varphi = \frac{E_1 + E_{2s} + E_{2f} + 2E_{2t}}{(w_1 + w_2)J + E_{2r}} \quad . \; . \; . \; . \; . \; . \; (81)$$

Man erkennt hieraus die Regel, daß der Tangens des Phasenverschiebungswinkels gleich dem Verhältnis aller induktiven Spannungen zu allen Leistungsspannungen ist.

Bei richtiger Bürstenstellung ($\vartheta = 90°$) ist $E_{2t} = 0$. So daß

$$\operatorname{tg}\varphi = \frac{E_1 + E_{2s} + E_{2f}}{(w_1 + w_2)J + E_{2r}} \quad . \; . \; . \; . \; . \; . \; . \; . \; (82)$$

Über den Einfluß einer Kompensationswicklung und eines Läuferkurzschlusses vgl. § 17 und 21.

16. Funkenbildung unter den Bürsten.

Wenn bei einem Reihenmotor die Bürsten richtig eingestellt sind, müssen sie in der neutralen Linie stehen. Bei symmetrischer Ausbildung der Maschine und stromlosem Zustand des Läufers (Abb. 3) ist es die Linie *GH* genau zwischen den Polen, so daß $\vartheta = 90^0$ ist. Führt der Läufer Strom, so erzeugt er das Läuferfeld (Abb. 4), das sich mit dem Ständerfeld zu einem resultierenden zusammensetzt (Abb. 5), dessen Achse um so mehr verschoben ist, je größer das Läuferfeld, also der Läuferstrom ist, wenn kein Kompensationsfeld vorhanden ist.

Aus zwei Gründen müssen die Bürsten in der neutralen Linie stehen: Erstens addieren sich bei dieser Stellung die EMKe der Rotation sämtlicher Windungen in jeder Wicklungshälfte und ergeben so die größte Gegen-EMK des Motors, also das größte Drehmoment (Gl. 60). Bei jeder anderen Stellung der Bürsten gibt es in jeder Wicklungshälfte EMKe von entgegengesetzter Richtung, so daß sie sich teilweise aufheben. Das gilt bei Gleichstrom- und bei Wechselstrommotoren. Bei Wechselstrom kommt noch hinzu, daß sich bei dieser Bürstenstellung die transformatorischen EMKe sämtlicher Windungen jeder Wicklungshälfte gegenseitig aufheben, während bei jeder anderen Bürstenstellung in jeder Wicklungshälfte eine überschüssige EMK besteht, die zum Drehmoment nichts beiträgt und daher nur die Phasenverschiebung zwischen Strom und Spannung vergrößert.

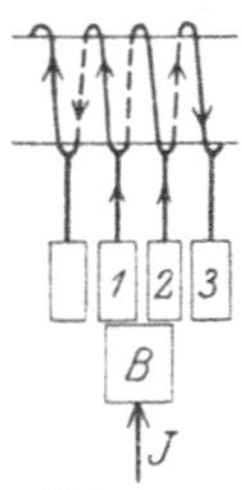

Abb. 30.

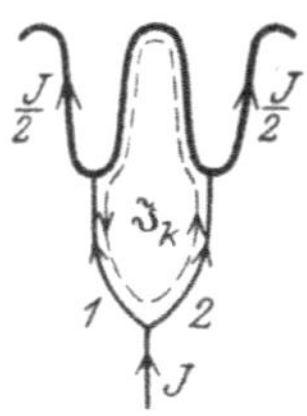

Abb. 31.

Abb. 30 zeigt einen Teil der Läuferwicklung mit angeschlossenen Kommutatorsegmenten und einer Bürste *B*. Die Pfeile zeigen die Richtung des Arbeitsstromes. Die Bürste muß so breit sein, daß sie mindestens zwei Kommutatorsegmente bedeckt, damit niemals eine Unterbrechung des Arbeitsstromes *J* eintreten kann, denn dann hat die Kante des dritten Segmentes schon die Bürste erreicht, wenn das erste Segment von der Bürste abgleitet. Diese notwendige Breite der Bürste hat zur Folge, daß von der Bürste mindestens die zwischen 1 und 2 liegenden Windungen oder Spulen allenfalls sogar die zwischen 1 und 3 liegenden zwei Spulen kurzgeschlossen sind, natürlich nur so lange, als die Bürste die betreffenden Segmente berührt.

In den oszillographischen Aufnahmen Abb. 19 bis 21, die den Strom in einer Läuferspule zeigen, ist der jeweilige Kurzschlußstrom zu erkennen. Bei den Kommutierungsphasen *A* erscheint er als eine Spitze von entgegengesetzter Richtung wie der Arbeitsstrom. Bei den Kommutierungsphasen *B* erscheint er als eine dem Scheitelwert des Arbeitsstromes aufgesetzte Spitze (besonders deutlich in Abb. 19). Bei *C* erscheint er als eine Spitze unter der Nullinie, bei *F* als eine auf den negativen Scheitelwert aufgesetzte Spitze. Bei *A* und *B* ist auch die

Zeitdauer T_k des Kurzschlusses deutlich zu ersehen. Abb. 32 zeigt zwei Kurzschlußströme allein, d. h. ohne den Arbeitsstrom[1]). Abb. 33 zetig den Kurzschlußstrom in einem Verbindungsleiter zwischen Kommutatorsegment und Wicklung, wiederum ohne den Arbeitsstrom.

Die Oszillogramme 19 bis 21 zeigen, daß bei ordnungsmäßiger Kommutierung keine Unterbrechung des Arbeitsstromes stattfindet,

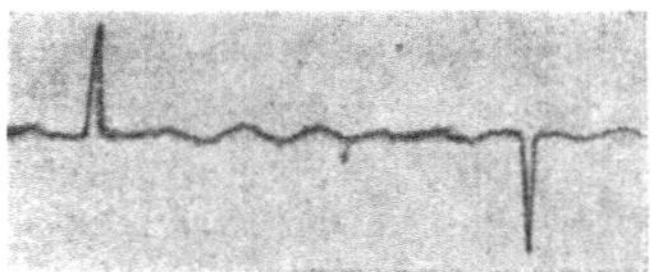

Abb. 32.

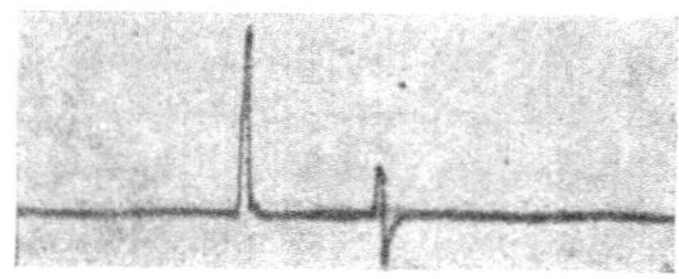

Abb. 33.

sondern eine Umkehrung der Stromrichtung unter Bildung eines Kurzschlußstromes. Die Ursache der Funkenbildung kann also nur in diesem liegen. In Abb. 31 ist der Weg des Kurzschlußstromes $\mathfrak{J}_k$ durch die gestrichelte Linie angedeutet. Er wird geschlossen, sobald das Segment 2 die Bürste berührt; er wird unterbrochen, sobald das Segment 1 von der Bürste abgleitet. Bei dieser Unterbrechung entsteht ein Funken durch die Stromwärme, die in dem plötzlich auftretenden Funkenwiderstand nach dem Jouleschen Gesetze entwickelt wird.

Die in einem Funkenwiderstand w_f in Wärme umgesetzte elektrische Arbeit läßt sich aus der augenblicklichen Stromwärme berechnen, wenn man sie über die Zeit, während welcher der Funken andauert, integriert. Diese Zeit ist nun allerdings nicht bekannt. Man kann aber den größtmöglichen Wert der Funkenwärme ermitteln, wenn man den ungünstigsten Fall annimmt. Dieser ist vorhanden, wenn die Unterbrechung bei der größten Stromstärke, also gerade im Scheitelwert erfolgt, und der Funken erst beim nächsten Nullwert verlöscht. Dann ist die größtmögliche Funkenwärme[2])

$$A_f = \mathfrak{J}_k^2 \frac{w_f L_k}{2(w_f + w_k)}, \quad \ldots \ldots \quad (83)$$

wenn $\mathfrak{J}_k$ den Scheitelwert des Kurzschlußstromes, w_f den Funkenwiderstand, w_k den Widerstand und L_k die Selbstinduktion des unterbrochenen Stromkreises, also hier der kurzgeschlossenen Spule bedeutet.

---

[1]) Schenfer, a. a. O. Bei dieser Aufnahme war die Stromzuführung zu den Bürsten unterbrochen, und nur der Ständer erhielt Strom. Der Läufer wurde mittels einer Hilfsmaschine gedreht. Zwischen den beiden Kurzschlußströmen erkennt man noch einen schwachen Wechselstrom. Dieser kommt dadurch zustande, daß bei der Drehung des Läufers im Ständerfelde auch ein Strom in der Läuferwicklung induziert wird, weil diese in sich geschlossen ist.

[2]) Benischke, „Die wissenschaftlichen Grundlagen der Elektrotechnik", § 190.

Das Zustandekommen des Kurzschlußstromes $\mathfrak{J}_k$ hat zur Voraussetzung, daß in dieser Spule eine EMK besteht. Um diese kennen zu lernen, haben wir die einzelnen magnetischen Felder, die mit dieser Spule verkettet sind, zu berücksichtigen. Diese sind:

1. Das im Ständer erzeugte und durch den Läufer fließende Triebfeld $\mathfrak{Z}_{1f}$. Dieses erzeugt nach § 4 eine EMK der Transformation, deren Scheitelwert ist

$$\mathfrak{E}_{tk} = 2\pi\nu N_k \mathfrak{Z}_{1f} \cdot 10^{-8},$$

wenn N_k die Windungszahl der kurzgeschlossenen Spule bedeutet. Diese EMK kommt, wie schon auf S. 15 bemerkt wurde, in der kurzgeschlossenen Spule voll zur Geltung, wenn sich diese in der neutralen Linie befindet, weil sie das gesamte Triebfeld umschließt. Dasselbe Feld erzeugt die in § 4 behandelte EMK der Rotation. Diese ist aber in der kurzgeschlossenen Spule Null, weil in der neutralen Linie keine Kraftlinien geschnitten werden.

2. Das Läuferfeld $\mathfrak{Z}_{2f}$ erzeugt in der kurzgeschlossenen Spule infolge der Rotation eine EMK, deren Betrag sich aus § 4 ergibt, wenn $c\,\mathfrak{Z}_{2f}$ an Stelle von $\mathfrak{Z}_{1f}$ gesetzt wird; also

$$\mathfrak{E}_{rk} = c 2\pi p u N_k \mathfrak{Z}_{2f}.$$

Der Zahlenfaktor c, der zwischen 0 und 1 liegt, ist notwendig, weil nicht sämtliche $\mathfrak{Z}_{2f}$ Kraftlinien von der kurzgeschlossenen Spule geschnitten werden, sondern nur ein Teil davon. Diese EMK ist bei einer Gleichstrommaschine allein vorhanden[1]).

Der Kurzschlußstrom induziert in der kurzgeschlossenen Spule eine EMK der Selbstinduktion entsprechend der Selbstinduktion L_k dieser Spule. Sie ist ein kleiner Teil der Selbstinduktion L_2 des Läufers. Der Scheitelwert dieser EMK ist gleich $2\pi\nu L_k \mathfrak{J}_k$. Sie gehört aber nicht zu den Ursachen des Kurzschlußstromes, sondern sie schwächt ihn, indem sie den beiden vorgenannten EMKen teilweise entgegenwirkt; oder anders ausgedrückt: sie erscheint als induktiver Widerstand $2\pi\nu L_k = \omega L_k$ der kurzgeschlossenen Spule und bildet mit dem Ohmschen Widerstand w_k derselben und dem Funkenübergangswiderstand w_f den scheinbaren Widerstand $\sqrt{(w_f + w_k)^2 + (\omega L_k)^2}$ dieses Kurzschlußkreises[2]).

---

[1]) In § 4, wo nur die EMKe der wirksamen Läuferwicklung behandelt wurden, kam diese EMK nicht vor, weil $\mathfrak{Z}_{2f}$ das Eigenfeld der wirksamen Läuferwicklung ist, und die eigenen Kraftlinien von der eigenen Wicklung durch Drehung des Läufers nicht geschnitten werden können. Für die kurzgeschlossene Spule N_k aber ist das von den übrigen N_2 Läuferwindungen erzeugte Feld $\mathfrak{Z}_{2f}$ ein fremdes Feld, das nach Abb. 4 parallel zur Ebene der kurzgeschlossenen Spule verläuft und während der Drehung von dieser geschnitten wird. Ist der Kurzschluß aufgehoben, so gehört diese Spule wieder zu den wirksamen Windungen, während die nächste Spule kurzgeschlossen wird und dadurch aus den wirksamen Windungen ausscheidet.

[2]) L_k spielt hier dieselbe Rolle wie L_{2l} bei einem kurzgeschlossenen Transformator (vgl. „Wiss. Grundl. d. Elektr." § 153). Manchmal wird diese EMK der Selbstinduktion mit zu den Ursachen des Kruzschlußstromes gerechnet, was aus dem oben angegebenen Grunde falsch ist.

Der Kurzschlußstrom $\mathfrak{J}_k$ wird also nur von den EMKen $\mathfrak{E}_{tk}$ und $\mathfrak{E}_{rk}$ erzeugt. Zwischen diesen besteht eine Phasenverschiebung von 90^0, weil beim Reihenmotor $\mathfrak{Z}_{1f}$ und $\mathfrak{Z}_{2f}$ von demselben Strom erzeugt werden (vgl. Abb. 11). Daher können sie nicht arithmetisch, sondern nur geometrisch addiert werden, d. h. die gesamte EMK in der kurzgeschlossenen Spule ist

$$\mathfrak{E}_k^2 = \mathfrak{E}_{tk}^2 + \mathfrak{E}_{rk}^2 = 4\pi^2 N_k^2 [(\nu \mathfrak{Z}_{1f})^2 + (c\,p\,u\,\mathfrak{Z}_{2f})^2] \quad . \; . \; (84)$$

und daher der Kurzschlußstrom

$$\mathfrak{J}_k = \frac{\mathfrak{E}_k}{\sqrt{(w_f + w_k)^2 + (\omega L_k)^2}}.$$

Dann ist die Funkenwärme

$$A_f = 2\pi^2 N_k^2 \frac{(\nu \mathfrak{Z}_{1f})^2 + (c\,p\,u\,\mathfrak{Z}_{2f})^2}{(w_f + w_k)^2 + (\omega L_k)^2} \cdot \frac{w_f L_k}{w_f + w_k} \quad . \; . \; . \; (85\text{a})$$

Gewöhnlich ist $(w_f + w_k)^2$ wegen der Kohlenbürste, die den Stromkreis schließt und wegen des Funkenübergangswiderstandes w_f so groß, daß $(\omega L_k)^2$ ohne großen Fehler vernachlässigt werden kann. Dann ist

$$A_f = 2\pi^2 N_k^2 \frac{(\nu \mathfrak{Z}_{1f})^2 + (c\,p\,u\,\mathfrak{Z}_{2f})^2}{(w_f + w_k)^3} w_f L_k \quad . \; . \; (85\text{b})$$

Die Funkenbildung ist also proportional dem Quadrate der Windungszahl einer Spule. In der Tat hat die Erfahrung schon seit langem gelehrt, daß die Funkenbildung um so geringer ist, je größer die Anzahl der Segmente bei gleicher gesamter Windungszahl des Läufers ist. Man wählt daher bei Wechselstrommotoren wenn möglich für jede Windung ein Segment, bei großen Motoren sogar für jede halbe Windung gemäß Abb. 34. Die Funkenbildung ist ferner verkehrt proportional der 2. bis 3. Potenz des gesamten Widerstandes $w_f + w_k$, wobei es mehr auf w_k ankommt, weil w_f auch im Zähler steht. Tatsächlich ist die Vergrößerung des Widerstandes w_k das älteste Mittel zur Bekämpfung der Funkenbildung. Sie wird dadurch erzielt, daß man die Verbindung zwischen Windungen und Segmenten aus Messing oder sogar aus Nickelin herstellt, womit natürlich eine gewisse Verminderung des Wirkungsgrades und Erhöhung der Temperatur verbunden ist. Sie ist aber doch kleiner, als wenn man den Widerstand der Wicklung selbst erhöhen würde. Bei Gleichstrommaschinen braucht man dieses Mittel seit Einführung der Kohlenbürsten und der Wendepole nicht mehr, denn die Anwendung einer Kohlenbürste statt einer Kupferbürste bedeutet schon eine erhebliche Vergrößerung des Widerstandes w_k, weil ja der Kurzschlußstrom durch den am Kommutator anliegenden Teil der

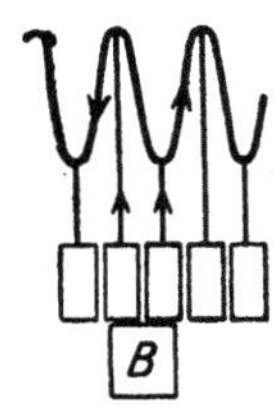

Abb. 34.

Bürste hindurch muß. Bei Wechselstrommotoren für mehr als 25 Perioden hingegen kann man auf die Erhöhung des Widerstandes auch bei Wendepolen und Kompensationswicklung meist nicht verzichten, da diese zwar $\mathfrak{E}_{rk}$, aber nicht $\mathfrak{E}_{tk}$ vernichten können. Da in den kurzen Verbindungsstücken eine wesentliche Erhöhung des Widerstandes ohne bedenkliche Temperatursteigerung nicht möglich ist, sind Motoren ausgeführt worden mit sehr langen Verbindungsstücken, die unter der Arbeitswicklung in den Nuten liegen. Bei geeigneter Anordnung derselben kann man erreichen, daß der Strom in diesem das Drehmoment unterstützt, so daß also die Verminderung des Wirkungsgrades geringer ist[1]). Die Läuferwicklung wird aber dadurch so umständlich, daß diese Ausführung keine weitere Verbreitung gefunden hat.

Da die Vergrößerung des Widerstandes in keinem Falle eine sehr große sein kann, so verzichtet man meistens auf sie und wendet lieber andere Mittel an. Wie wir gesehen haben, gibt es zwei Ursachen der Funkenbildung. Die eine (EMK der Transformation) nimmt nach der obigen Gleichung mit der Frequenz ν ab. Daher hat man bei den einphasigen Wechselstrombahnen die Frequenz anfangs auf 40, später auf 25 und schließlich sogar auf 15 (oder $50/3 = 16^2/_3$) Perioden herabgesetzt. Die dadurch erzielte Verminderung der Funkenbildung — sie hängt vom Quadrate der Frequenz ab — ist so bedeutend, daß man die damit verbundene Verminderung des Wirkungsgrades und Verteuerung der Transformatoren mit in den Kauf nahm.

Die andere Ursache der Funkenbildung, nämlich die EMK der Rotation, nimmt nach der obigen Gleichung mit der Drehzahl u ab. Davon kann man aber keinen Gebrauch machen, denn die gewöhnlichen Reihenschlußmotoren haben nur bei größeren Drehzahlen Vorteile gegenüber den Repulsionsmotoren. Dagegen besteht ein sehr wirksames Mittel gegen diese EMK darin, daß man das Läuferfeld $\mathfrak{Z}_{2f}$ durch ein gegenwirkendes Feld aufhebt, und das wird durch Wendepole oder durch Kompensationswicklungen erzielt, die im folgenden Paragraphen behandelt werden.

Endlich gibt es noch ein fünftes Mittel, das die gesamte Funkenbildung, gleichgültig aus welcher Ursache sie entsteht, vermindert. Es besteht in der Verminderung der Selbstinduktion L_k (Gl. 85b) der kurzgeschlossenen Spule durch einen sekundären kurzgeschlossenen Stromkreis. Das wird in § 21 näher behandelt.

Nebst der Funkenbildung hat der Kurzschlußstrom J_k in den unter den Bürsten befindlichen Spulen noch eine weitere ungünstige Wirkung. Dieser Strom ist nichts anderes als ein sekundärer Strom gegenüber dem Arbeitsstrom J als primärer Strom. Er bewirkt daher eine Phasenverschiebung dieses Stromes im Läufer gegenüber dem Erregerfeld $\mathfrak{Z}_{1f}$. Das heißt der Winkel ψ ist nicht Null, wie auf S. 31 vorausgesetzt wurde, sondern hat einen, wenn auch kleinen Wert. Die

[1]) R. Richter, ETZ 1906, S. 538. P. Müller, ETZ 1911, S. 11.

Folge davon ist eine Verkleinerung des Drehmomentes, weil es dem cos ψ proportional ist (§ 6). Ein Wechselstrommotor ist also nicht nur wegen der Wirbelströme und Hystereseverluste und der Funkenbildung, sondern auch wegen des Drehmomentes ungünstiger als ein gleichartiger Gleichstrommotor. Das ist besonders für den Bahnbetrieb ungünstig, weil man da zum Anfahren ein möglichst großes Drehmoment braucht[1]).

Es wurde oben angenommen, daß die Bürsten nur je eine Spule des Läufers kurzschließen. Sind aber die Bürsten so breit, daß sie 2 oder gar 3 Spulen kurzschließen, so kommt noch die gegenseitige Induktion zwischen diesen Spulen für die Funkenbildung in Betracht. Der Kommutierungsvorgang ist dann sehr verwickelt. Es hat keinen Wert näher darauf einzugehen, weil sich die Größe der Funkenbildung trotz vielen Versuchen nicht vorausberechnen läßt, sondern nur durch jahrzehntelange Arbeit vermindert werden konnte, indem die an wenig feuernden Maschinen gemachten Erfahrungen immer wieder auf die folgenden Maschinen angewendet wurden.

Vielfach findet man noch die alte, unrichtige Anschauung über das Wesen der Kommutierung. Diese geht dahin, daß die Funkenbildung beim Unterbrechen des Kurzschlußstromes durch eine besondere EMK aufgehoben werden soll. Diese soll dadurch hergestellt werden, daß man die Bürsten ein Stück über die neutrale Zone hinausschiebt, so daß sich die kurzgeschlossene Spule jeweils an einer Stelle befindet, wo Kraftlinien des resultierenden Feldes durch sie hindurchtreten und eine EMK der Rotation in ihr erzeugen. Diese Anschauung steht mit den physikalischen Grundgesetzen in Widerspruch, wonach eben eine funkenlose Unterbrechung dann und nur dann eintritt, wenn der unterbrochene Stromkreis keine Selbstinduktion hat, d. h. keine Kraftlinien umschließt. Daher ist an jener Stelle, wo die Kommutierung funkenlos stattfindet, das magnetische Feld, das von der kurzgeschlossenen Spule umschlossen wird, Null. Nach der alten Anschauung wäre aber gearde da ein wirkliches magnetisches Feld vorhanden. Wenn es richtig wäre, daß die Funkenbildung durch Vorschieben der Bürsten bis dahin, wo die kurzgeschlossene Spule bereits wieder in ein gewisses magnetisches Feld hineinkommt, beseitigt werden könnte, so müßte es in jedem Falle auch ohne Wendepole — mindestens bei Gleichstrommotoren — möglich sein, funkenfreie Kommutierung zu erzielen. Denn von der neutralen Zone aus nimmt das Feld nach beiden Seiten allmählich zu, und man kann daher durch Verschiebung der Bürsten die kurzgeschlossene Spule in jede beliebige Kraftlinienmenge hineinbringen. Die Erfahrung lehrt aber, daß es auf diese Weise selbst bei Gleichstrom nicht möglich ist, funkenfreie Kommutierung zu erzielen, sondern nur dadurch, daß man durch Wendepole oder Kompensationswicklungen einen Bereich schafft, in dem die kurzgeschlossene

[1]) Über ein Mittel zur Herstellung eines größeren Anfahr-Drehmomentes durch Umschaltung auf Repulsionsmotor vgl. S. 57.

Spule keine Kraftlinien schneidet[1]**) oder dadurch, daß man die Selbstinduktion der kurzgeschlossenen Spule beseitigt.**

17. Wendepole. Kompensationswicklungen.

Wenn das Läuferquerfeld $\mathfrak{Z}_{2f}$ im Kommutierungsbereich aufgehoben wird, so gibt es in der kurzgeschlossenen Spule keine EMK der Rotation $\mathfrak{E}_{rk}$ (S. 42). Zu diesem Zwecke werden Hilfspole (Wendepole) *WP* zwischen den Hauptpolen *HP* angeordnet (Abb. 35), die vom Läuferstrom umflossen werden und ein dem Läuferquerfeld $\mathfrak{Z}_{2f}$ entgegengesetztes Feld *KF* erzeugen, wenn die Schaltung der Wicklung richtig ist; andernfalls würden sie dieses Feld noch verstärken. Da das Läuferquerfeld eine Verzerrung des resultierenden Feldes bewirkt (Abb. 5) derart, daß seine neutrale Linie *GH* um so mehr verschoben wird, je größer der Strom ist, so ist durch die Aufhebung des Läuferfeldes auch die Ursache dieser Verzerrung beseitigt, und die neutrale Zone bleibt bei jeder Stromstärke in der Mittellinie. Diese Hilfspole haben also noch die zweite angenehme Wirkung, daß die Bürsten bei jeder Stromstärke in der Mitte stehen bleiben können und müssen, was bei schwankender Belastung, insbesondere beim Bahnbetrieb von großer Wichtigkeit ist.

Abb. 35.

$\mathfrak{Z}_{1f}$ Triebfeld
$\mathfrak{Z}_{2f}$ Läufer-Querfeld
KF Wendepolfeld
WP Wendepole
HP Hauptpole.

Bei den Wechselstrommotoren entsteht aber, wie sich im vorhergehenden gezeigt hat, in der kurzgeschlossenen Spule außer der EMK der Rotation $\mathfrak{E}_{rk}$ noch die EMK der Transformation $\mathfrak{E}_{tk}$ die nicht vom Läuferfeld $\mathfrak{Z}_{2f}$, sondern vom Triebfeld $\mathfrak{Z}_{1f}$ herrührt. Dieses Feld verläuft in der Richtung der magnetischen Achse des Motors und kann daher durch die querstehenden Hilfspole nicht aufgehoben werden. Soll die Funkenbildung beseitigt werden, so muß also die Aufgabe der Wendepole bei den Wechselstrommotoren etwas anders gefaßt werden, als bei den Gleichstrommotoren, nämlich so, daß durch ihr Feld in der kurzgeschlossenen Läuferspule eine EMK erzeugt wird, die gleich und

[1]) Aus der Tatsache, daß bei funkenloser Kommutierung in Gleichstrommaschinen mit Wendepolen in dem Luftzwischenraum zwischen Wendepol und Läufer ein schwaches magnetisches Feld vorhanden ist, hat man den Schluß gezogen, daß zur funkenlosen Kommutierung doch ein gewisses „zusätzliches Kommutierungsfeld" in der kurzgeschlossenen Spule nötig sei. Dieser Schluß ist falsch. Denn daraus, daß an einer Stelle in dem genannten Luftzwischenraum ein Feld vorhanden ist, folgt nicht, daß auch in der kurzgeschlossenen Spule eins vorhanden sein muß. Um das Läuferquerfeld durch das äußere Wendepolfeld aufzuheben, muß vom Wendepol ein stärkeres Feld ausgehen, weil ein Teil wegen der Stauung der Kraftlinien nicht in den Läufer eintritt.

entgegengesetzt der resultierenden EMK $\mathfrak{E}_k = \sqrt{\mathfrak{E}_{rk}^2 + \mathfrak{E}_{tk}^2}$ ist. Da aber zwischen $\mathfrak{E}_{rk}$ und $\mathfrak{E}_{tk}$ 90^0 Phasenverschiebung besteht, so hat die Resultierende $\mathfrak{E}_k$ eine zwischen 0 und 90^0 liegende Phasenverschiebung gegen den Strom. Bei Stillstand ist die EMK der Transformation $\mathfrak{E}_{tk}$ allein vorhanden, so daß die Phasenverschiebung 90^0 beträgt. Mit wachsender Drehzahl wächst $\mathfrak{E}_{rk}$, während $\mathfrak{E}_{tk}$ konstant bleibt (konstantes Triebfeld vorausgesetzt), so daß mit wachsender Drehzahl nicht nur die Größe, sondern auch die Phase von $\mathfrak{E}_k$ sich ändert. Um die Funkenbildung gänzlich zu beseitigen, müßten also die Wende pole eine EMK in der kurzgeschlossenen Spule erzeugen, deren Größe und Phase sich mit der Drehzahl ebenso ändert wie $\mathfrak{E}_k$. Das ist unmöglich. Geringe Funkenbildung ist daher nur dann zu erreichen, wenn die EMK der Transformation im Vergleiche zur EMK der Rotation klein gehalten wird. Das wird dadurch erreicht, daß man, wie schon auf S. 44 bemerkt wurde, die Frequenz auf 15 (bzw. $16^2/_3$) erniedrigt, und die Motoren im gewöhnlichen Betriebe mit hoher Drehzahl betreibt. Zwischen $\mathfrak{E}_{rk}$ und der Resultierenden $\mathfrak{E}_k$ besteht dann in Größe und Phase kein erheblicher Unterschied. Die nun noch erforderliche Einstellung des Wendepolfeldes, damit es eine der Resultierenden $\mathfrak{E}_k$ ungefähr gleiche und entgegengesetzte EMK in der kurzgeschlossenen Spule erzeugt, wird dadurch erreicht, daß man der Wendepolwicklung einen regelbaren, induktionslosen Widerstand R parallel schaltet

Abb. 36.

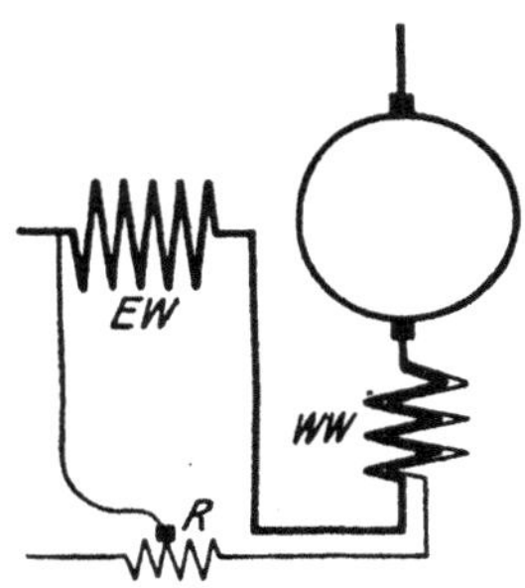

Abb. 37.

(Abb. 36). Dadurch kann Größe und Phase des Wendepolfeldes innerhalb gewisser Grenzen eingestellt werden. Da aber die Spannung, die für diesen Widerstand zur Verfügung steht, nur klein ist, hat man wenig Spiellraum für die Einstellung des Nebenschlusses. Man gewinnt mehr Spielraum, wenn man die Wendepolwicklung mit einer Parallelwicklung ausführt und diese sowohl der Wendepolwicklung als auch der Erregerwicklung *EW* parallel schaltet, natürlich auch mit einem regelbaren Widerstand R (Abb. 37). Eine andere Art der Einstellung des Wendepolfeldes zeigt Abb. 51. Hier wird die Wendepolwicklung *WW* durch eine zusätzliche Hilfswicklung Z des Betriebstransformators beeinflußt, so daß sie nicht nur in Reihe mit dem Läufer liegt, sondern auch in einem gewissen Nebenschluß. In Abb. 47 wird die Wendepolwicklung durch einen verschiebbaren Anschluß Q am Betriebstransformator nebenschlußartig beeinflußt. Auf diese vier Arten kann das Wendepolfeld derart eingestellt werden, daß die Funkenbildung wenigstens im hauptsächlichsten Betriebsbereich unterdrückt wird. Mit der Anwendung höherer Drehzahlen im gewöhnlichen Betriebe erreicht man gleichzeitig eine größere Leistung bei gegebener Größe des Motors. Allerdings hat dann das Drehmoment nicht immer die Größe, die für den Anlauf erforderlich ist (vgl. § 33).

Die Wendepole wirken nur in der **neutralen Zone**, im Kommutierungsbereich. Soll die Ankerrückwirkung und ihr Einfluß auf das Drehmoment beseitigt werden[1]), so muß das ganze Läuferquerfeld $\mathfrak{Z}_{2f}$ durch eine gegenmagnetisierende Wicklung — **Kompensationswicklung** — aufgehoben werden. Diese muß also im idealen Falle eine feststehende Wiederholung der Läuferwicklung mit entgegengesetzter Stromrichtung sein (Abb. 38). Ein grundsätzlicher Unterschied zwischen Wendepolen und Kompensationswicklung besteht nicht, sondern die letztere ist nur eine vollkommenere Ausführung desselben Mittels, dessen Wirkung sich nun über den ganzen Läufer erstreckt.

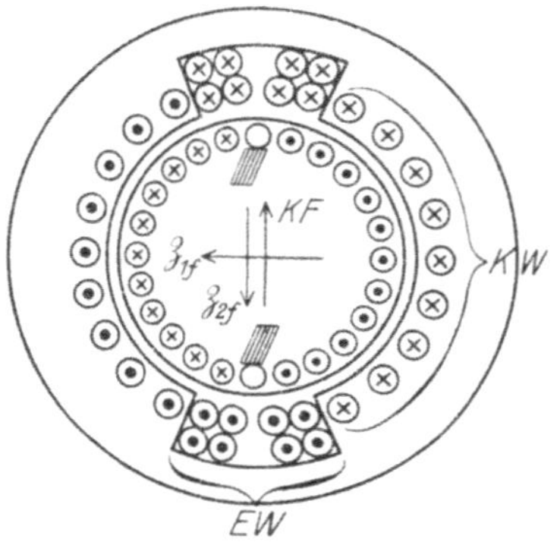

Abb. 38.

$\mathfrak{Z}_{1f}$ Triebfeld
$\mathfrak{Z}_{2f}$ Läufer-Querfeld
KF Kompensationsfeld
KW Kompensationswicklung
EW Erregerwicklung.

Bei Wechselstrommotoren besteht aber ein gewisser Unterschied zwischen Kompensationswicklung und Wendepolen, wenn letztere gemäß den obigen Darlegungen nicht nur die vom Querfeld $\mathfrak{Z}_{2f}$ abhängige EMK der Rotation $\mathfrak{E}_{rk}$, sondern auch die vom Triebfeld $\mathfrak{Z}_{1f}$ abhängige EMK der Transformation $\mathfrak{E}_{tk}$ teilweise aufheben sollen. Das letztere kann die Kompensationswicklung nicht, weil ihre magnetische Achse senkrecht zu der des Feldes $\mathfrak{Z}_{1f}$ steht; und sie darf es auch nicht, weil eine teilweise Aufhebung dieses Feldes in den **außerhalb des Bürstenbereiches** liegenden Teilen des Läufers eine Verminderung der wirksamen EMK E_{2r} und damit eine Verminderung des Dreh-

[1]) Das Läuferquerfeld bewirkt nicht nur eine Verzerrung des resultierenden Feldes, sondern infolge der Kraftlinienstauung im Luftzwischenraum eine Vergrößerung der Streuung, so daß das wirksame Triebfeld nicht proportional der Stromstärke wächst und seine Selbstinduktion nicht genau konstant bleibt. Die Folge davon ist, daß das Drehmoment nicht proportional dem Quadrate der Stromstärke wächst (Gl. 71a), sondern etwas kleiner bleibt. Die Gl. 59 gilt aber streng, weil sie das Feld $\mathfrak{Z}_{1f}$ enthält.

momentes zur Folge hätte. Bei Wechselstrommotoren genügt also die Kompensationswicklung allein zur Funkenunterdrückung meist nicht wie bei Gleichstrommaschinen, sondern es sind außerdem noch Wendepole obiger Art notwendig. So ergibt sich Abb. 39. Abb. 40 zeigt schematisch die Anordnung einer solchen Wicklung, Abb. 41a eine praktische Ausführung. Dabei erscheint der Wendepol wie ein breiterer Zahn zwischen größeren Nuten, in welchen die Erregerwicklung und die Wendepolwicklung liegt. Abb. 41b zeigt eine Ausführung, wo alle drei Wicklungen in ganz gleichen Nuten untergebracht sind. Man spricht dann nicht mehr von einem besonderen Wendepol, sondern von einem „Wendezahn". Seine besondere Wirkung hinsichtlich der Funkenbildung ist aber doch vorhanden, wenn die Schaltung nach Abb. 39 oder 47 angewendet wird. Bei diesen Ausführungen besteht die Erreger-

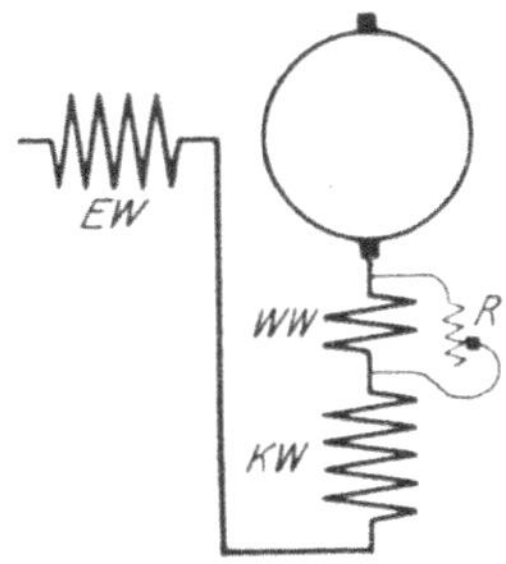

Abb. 39.

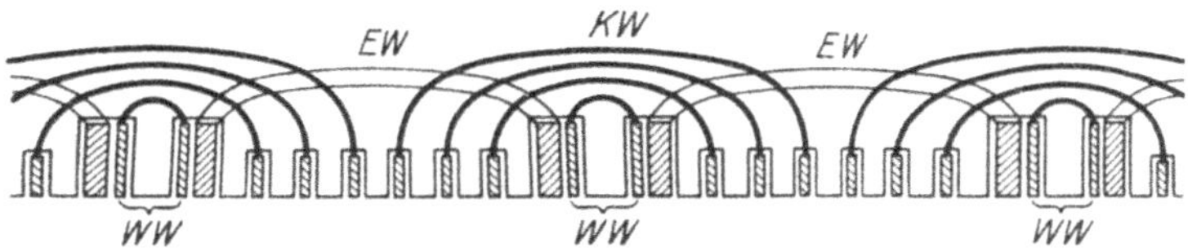

Abb. 40.

Abb. 41a.

wicklung nur aus je einer konzentrierten Spule. Soll sie als unterteilte Wicklung ausgeführt werden, so muß sie in denselben Nuten wie die Kompensationswicklung untergebracht werden. Die Wicklungen liegen dann in zwei Schichten übereinander (Abb. 42).

Ist die EMK der Transformation $\mathfrak{E}_{tk}$ sehr klein, so kann von einer besonderen Wendepolwicklung abgesehen werden. Denn dann handelt es sich fast nur um die EMK der Rotation wie bei Gleichstrommotoren. Zu ihrer Unterdrückung in der kurzgeschlossenen Spule genügt der mittelste Zahn der Kompensationswicklung, denn in diesem ist die Kraftliniendichte auch dann am größten, wenn er keine besondere

Abb. 41 b.

Wicklung hat. Das ist besonders dann der Fall, wenn die Kompensationswicklung aus vielen Spulen besteht wie in Abb. 43, so daß die Verteilung der Kraftliniendichte mehr dreieckförmig als sinusförmig ist. Will man in einem solchen Falle dem Felde dieses Zahnes doch noch jene Phasenverschiebung geben, die oben besprochen wurde, so kann es dadurch geschehen, daß man ihn mit einer dünnerdrähtigen Nebenschlußwicklung *NW* (Abb. 44) umgibt und einen regelbaren Widerstand *R* einschaltet.

Eine unvollkommene, aber manchmal ausreichende Kompensierung wird auch dadurch hergestellt, daß die Kompensationswicklung nicht in den Stromkreis des Motors eingeschaltet sondern kurzgeschlosssen wird (Abb. 45). Sie bildet so die kurzgeschlossene sekundäre Wicklung eines Transformators gegenüber der Läuferwicklung, die den primären Stromkreis darstellt. Bestände zwischen diesen Wicklungen keine Streuung, so wären die Ströme gerade entgegengesetzt, und die Amperewindungen der sekundären Wicklung gleich denen der primären[1]). Dann wären die beiden Felder gegenseitig aufgehoben. Wegen

[1]) „Wiss. Grundl. d. Elektr." § 151.

des Luftzwischenraumes besteht aber eine beträchtliche Streuung, so daß die Amperewindungen der Kompensationswicklung erheblich kleiner sind, also ein erheblicher Rest des Läuferfeldes bestehen bleibt. Eine Vermehrung der kurzgeschlossenen Kompensationswindungen kann daran nichts ändern, weil es auf die Amperewindungen ankommt.

Abb. 42.

Daher ist in diesem Falle eine besondere Wendepolwicklung *WW* noch nötiger, als bei Speisung der Kompensationswicklung durch den Läuferstrom. Zur Einstellung der Stärke und Phase ihres Feldes wird ein regelbarer Nebenschluß *R* in bekannter Weise verwendet.

Bei Wechselstrommotoren hat die Kompensationswicklung noch eine andere bedeutsame Wirkung. Wenn nämlich das Feld $\mathfrak{Z}_{2f}$ durch das gegenwirkende Feld der Kompensationswicklung aufgehoben ist, so ist die entsprechende Selbstinduktion L_{2f} und die entsprechende

EMK E_{2f} verschwunden. Die Diagramme Abb. 25 und 26 ändern sich dementsprechend und Gl. 82 geht über in

$$\operatorname{tg} \varphi = \frac{E_1 + E_{2s}}{(w_1 + w_2) J + E_{2r}},$$

d. h. durch die Kompensation wird die Phasenverschiebung verkleinert also der Leistungsfaktor $\cos \varphi$ vergrößert. In Gl. 79 kommt dies dadurch zum Ausdruck, daß λ_2 entsprechend kleiner geworden ist. Die vorstehende Gleichung lehrt auch, daß bei kompensierten Motoren die Phasenverschiebung um so kleiner ist, je kleiner E_1 und je größer E_{2r} ist. Daher verteilt man die gesamte Windungszahl so, daß der Ständer weniger, der Läufer aber mehr Windungen erhält. Dadurch wird allerdings das Drehmoment etwas verkleinert, denn Gl. 72 zeigt, daß das Drehmoment unter sonst gleichen Umständen am größten ist, wenn die Windungen so verteilt sind, daß $L_1 = L_2$ ist.

Abb. 43.

Eine vollkommene Kompensation ist wegen des Luftzwischenraumes zwischen Ständer und Läufer nicht möglich. Sind die MMKe (Amperewindungen) der Läuferwicklung und der Kompensationswicklung gleich, so verbleibt doch im Läufer und im Ständer ein Rest, weil

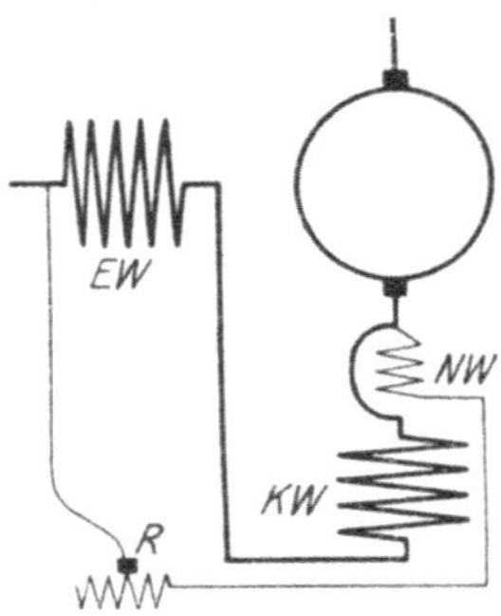

Abb. 44.

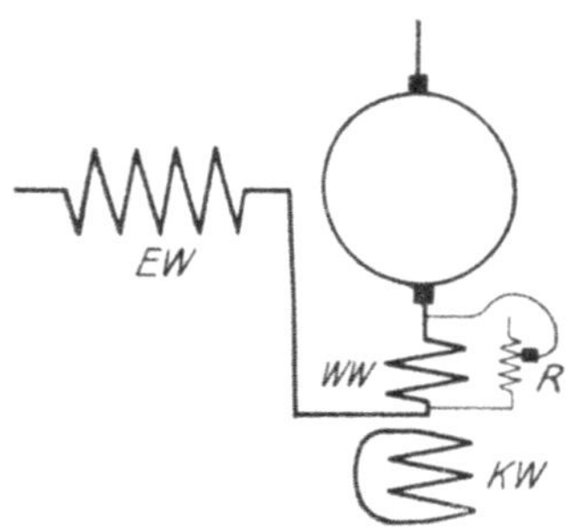

Abb. 45.

sich die Kraftlinien im Luftzwischenraum stauen. Wird zur vollständigen Vernichtung des Läuferquerfeldes die MMK der Kompensationswicklung größer gewählt („Überkompensierung"), so bleibt im Ständer ein überschüssiges Feld, durch das die Selbstinduktion L_1 und die EMK E_1 vergrößert wird[1]). In vielen Fällen wird auf die vollständige Kompensierung verzichtet, da es insbesondere im Bahnbetrieb keine Rolle spielt, ob der Leistungsfaktor 0,90 oder 0,91 ist. Wichtiger ist die möglichste Unterdrückung der Funkenbildung. Daher muß gerade bei unvollständiger Kompensierung auch noch die besondere Wendepolwicklung mit den Mitteln zur Einregelung der Stärke und Phase beibehalten werden.

Die praktische Ausführung einer vollständigen Kompensation bereitet besonders bei vielpoligen Motoren Schwierigkeiten, weil nicht genügend Platz vorhanden ist. Eine unnötige Vergrößerung des Eisenkörpers hat aber bei Wechselstrommotoren eine Vergrößerung der Verluste und der Kosten zur Folge. Dazu kommt, daß die Kompensationswicklung bei vollständiger Ausführung mehr Windungen erfordert als die Erregerwicklung, weil sie eben mindestens soviel Amperewindungen haben soll wie der Läufer, und dieser in der Regel (aus dem oben angegebenen Grunde) mehr Windungen erhält als die Erregerwicklung. So kommt es, daß die Gestaltung des Motors in der Regel mehr von der Kompensations- als von der Erregerwicklung beeinflußt wird.

18. Die EMKe und Widerstandsgrößen der Reihenmotoren mit Hilfswicklung.

Hier besteht also die Ständerwicklung aus zwei Teilen: erstens der Erregerwicklung, zweitens der Wendepol- und Kompensationswicklung, die wir zusammen als Hilfswicklung bezeichnen.

Im Falle idealer Kompensierung, d. h. wenn sich das Feld der Hilfswicklung und das Läuferquerfeld völlig aufheben, verschwindet aus den Diagrammen Abb. 25 und 26 die EMK E_{2f}. Eine neue EMK kommt nicht hinzu, weil sich eben die Felder gegenseitig aufheben. Nur eine Vergrößerung der Ständer- und Läuferstreuung, also auch der Streuspannungen E_{1s} und E_{2s} wird eintreten, weil sich die Kraftlinien im Luftzwischenraum stauen. Die Ohmschen Widerstände bleiben natürlich unverändert. Ist w_e der der Erregerwicklung, w_c der der Hilfswicklung, so ist der gesamte Widerstand der Ständerwicklung $w_1 = w_e + w_c$, mithin ist der Ohmsche Spannungsabfall in der Ständerwicklung von $w_e\, J$ auf $(w_e + w_c)\, J$ gestiegen.

Ist die MMK der Hilfswicklung größer als zur Aufhebung von $\mathfrak{Z}_{2f}$ erforderlich ist, so besteht in der Hilfswicklung eine überschüssige EMK $E_{ü} = \omega\, \lambda_{ü}\, J$, wenn $\lambda_{ü}$ die überschüssige Selbstinduktion bedeutet. Sie ist bestimmt durch $\lambda_{ü} = L_c - M_c$, wenn L_c die Selbstinduktion der Hilfswicklung an sich und M_c die gegenseitige Induktion zwischen

[1]) Daher ist die Ansicht, daß es möglich sei, durch Überkompensierung die Phasenverschiebung φ gleich Null zu machen, unrichtig. Die Selbstinduktion L_1 des Ständers kann durch die Kompensationswicklung nicht vermindert, sondern nur vergrößert werden.

Hilfswicklung und Läuferwicklung bedeutet[1]). An den Enden der Hilfswicklung herrscht also die Spannung

$$K_c = \sqrt{(w_c J)^2 + (\omega \lambda_ü J)^2}\,.$$

Abb. 46 zeigt das Spannungsdiagramm der Ständerwicklung für diesen Fall, wobei K_e die Spannung an den Enden der Erregerwicklung bedeutet. Die gesamte Selbstinduktion der Ständerwicklung ist also $\lambda_1 = L_e + \lambda_ü$ und die gesamte EMK $E_1 = E_e + E_ü$.

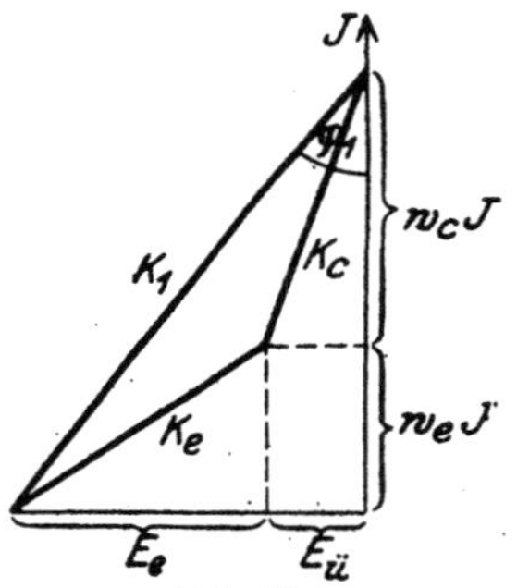

Abb. 46.

Ist die MMK der Hilfswicklung kleiner als zur Aufhebung des Läuferquerfeldes erforderlich ist, so erzeugt das restliche Querfeld im Läufer eine EMK $E_{2f} = \omega \lambda_{2ü} J$, die sich von der eines unkompensierten Motors nur ziffernmäßig unterscheidet, indem $\lambda_{2ü}$ kleiner ist als L_{2f}. Denn es ist $\lambda_{2ü} = L_{2f} - M_c$, wenn M_c die gegenseitige Induktion zwischen Hilfs- und Läuferwicklung bedeutet. Die Diagramme Abb. 25 und 26 bleiben also bestehen, nur ist E_{2f} kleiner als bei einem unkompensierten Motor.

19. Motoren mit Zwischenanschluß (doppelte Speisung).

Wie auf S. 47 dargetan wurde, scheitert die vollständige Aufhebung der aus $\mathfrak{E}_{rk}$ und $\mathfrak{E}_{tk}$ bestehenden Kurzschlußspannung $\mathfrak{E}$ unter der Bürste daran, daß $\mathfrak{E}_{tk}$ eine Phasenverschiebung von 90° gegen den Strom hat, so daß $\mathfrak{E}$ eine zwischen 0° und 90° liegende Phasenverschiebung hat. Die dort angegebenen Mittel zur Einstellung des Wendepolfeldes auf entsprechende Phasenverschiebung genügen, wenn der Motor so entworfen wurde, daß $\mathfrak{E}_{tk}$ klein ist (etwa unter 3 Volt), so daß auch die Phasenverschiebung von $\mathfrak{E}_k$ klein ist. Bei großen Motoren ist das nur dadurch erreichbar, daß schon jede halbe Windung ein Kommutatorsegment erhält (Abb. 34), und die Kraftlinienmenge $\mathfrak{Z}_{1f}$ eines Poles verhältnismäßig klein gehalten wird. Ist $\mathfrak{E}_{tk}$ nicht so klein, so ist die Phasenverschiebung von $\mathfrak{E}_k$ gegen den Strom beträchtlich und von der Drehzahl abhängig. Es genügt daher nicht, daß das zur Kompensierung erforderliche Wendepolfeld ein für allemal eingestellt wird, sondern die Einstellung muß je nach der Drehzahl regelbar sein. Dazu genügen die durch Abb. 36 und 37 dargestellten Mittel nicht, sondern es ist eine stärkere Beeinflussung notwendig. Diese wird durch einen Zwischenanschluß q (Abb. 47 bis 50) erreicht, der mittels eines verschiebbaren Kontaktes Q an die sekundäre Wicklung eines Transformators T (der bei Bahnen zur Umformung

[1]) „Wiss. Grundl. d. Elektr." § 164.

der Fahrleitungsspannung dient) angeschlossen ist. Ist ein solcher Transformator nicht vorhanden, so kann ein Spartransformator oder ein Spannungsteiler (Abb. 50) verwendet werden. Diese Schaltung wird auch als doppelte Speisung bezeichnet.

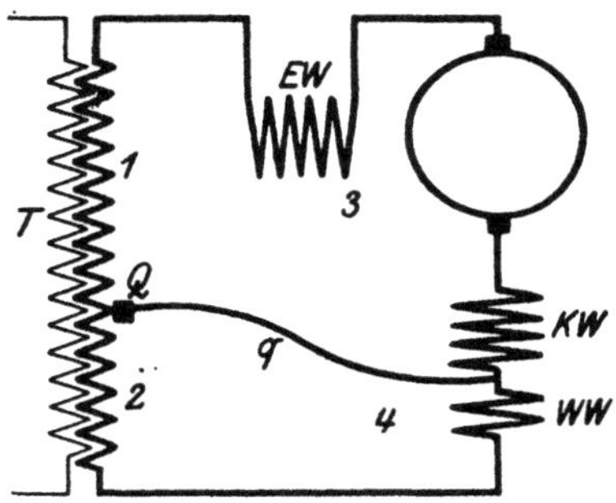

Abb. 47.

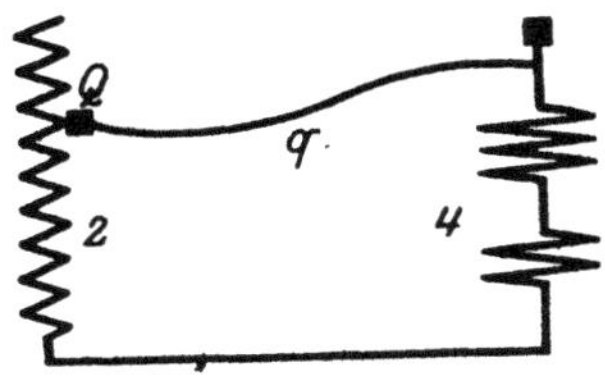

Abb. 48.

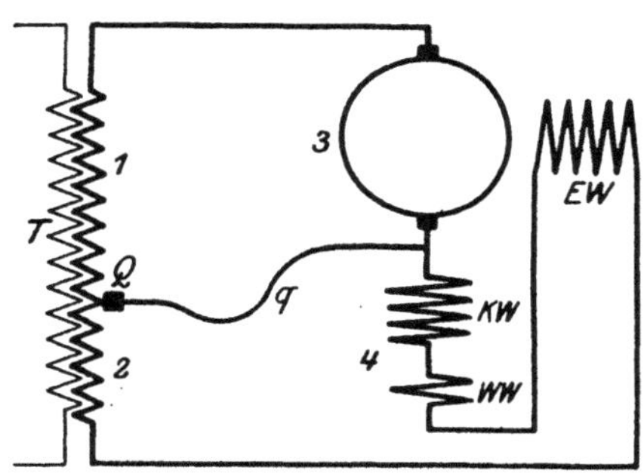

Abb. 49.

Man übersieht die Wirkungsweise dieser Schaltung am besten, wenn man sich vor Augen hält, daß es eine Stellung des Anschlusses Q gibt, bei der die Brückenleitung q stromlos ist. Das ist dann der Fall, wenn sich die Spannungen der Abteilungen 1 und 2 ebenso verhalten, wie die der Abteilungen 3 und 4, denn dann verbindet die Leitung q Punkte gleichen Potentiales. Wird der Anschluß Q nach unten geschoben, so erhalten die Abteilungen 1, 3 mehr Spannung, also auch mehr Strom als die Abteilungen 2, 4. Wird der Anschluß Q nach oben verschoben, so ist es umgekehrt. Die Schaltung nach Abb. 47 und 48 ist vorzuziehen, denn bei der ersteren wird nur die Wendepolwicklung, bei der letzteren nur die Wendepol- und Kompensationswicklung beeinflußt, während Läufer und Erregerwicklung von demselben Strom durchflossen sind[1]). Bei Abb. 49 ist das im allgemeinen nicht der Fall, sondern die Erregerwicklung erhält um so mehr Strom als der Läufer, je mehr der Kontakt Q nach oben geschoben wird. Das ist also keine reine Reihenschaltung mehr, sondern eigentlich ein Nebenschlußmotor (vgl. § 27). Dadurch wird das Ständerfeld etwas unabhängiger vom Läuferstrom als es bei der reinen Reihenschaltung der Fall ist. Infolgedessen eignet sich eine solche Maschine besser

---

[1]) Wird der Kontakt Q ganz nach unten geschoben, so erhält man aus Abb. 48 einen Motor mit kurzgeschlossener Hilfswickelung (S. 50).

zur Nutzbremsung durch Stromlieferung ins Netz bei Bergabfahrt eines Fahrzeuges als eine reine Reihenmaschine (§ 24). Wird der Kontakt *Q* ganz nach oben geschoben, so erhält man einen Repulsionsmotor wie Abb 84, denn der Läufer ist dann über die Bürsten kurzgeschlossen, und die Erregerwicklung und die Hilfswicklung geben zusammen ein resultierendes Feld, dessen Achse mit der Bürstenachse einen Winkel bildet.

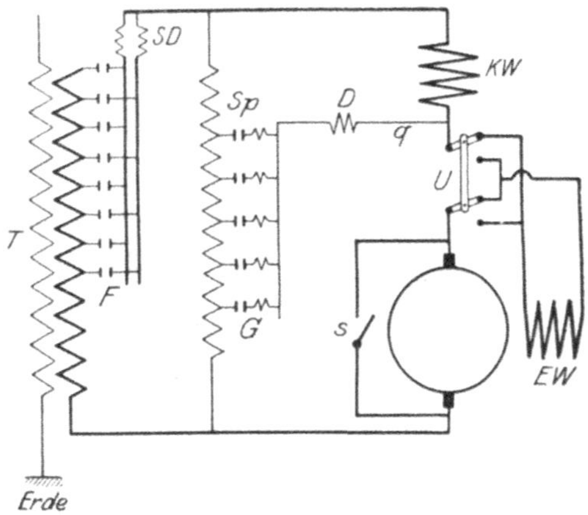

Abb. 50.
(Bahn Wien—Preßburg und Dessau—Bitterfeld).

Bei den Schaltungen nach Abb. 48 und 49 wird durch die Verschiebung des Kontaktes *Q* auch die Drehzahl des Läufers verändert, weil seine Spannung verändert wird. Die Einstellung auf kleinste Funkenbildung kann da also nicht unabhängig von der Drehzahl geschehen. Daher ist bei der Schaltung nach Abb. 50 nebst dem Betriebstransformator *T* noch ein Spannungsteiler *Sp* vorhanden, der nun hauptsächlich zur Einstellung der Kompensationswicklung dient, indem die Brückenleitung *q* mittels der Schalter *G* an verschiedene Abschnitte des Spannungsteilers angeschlossen wird, während die Regelung der Drehzahl hauptsächlich durch Anschluß an verschiedene Stufen des Haupttransformators *T* mittels der Schalter *H* erfolgt. Hier ist keine besonders regelbare Wendepolwicklung, sondern nur die Kompensationswicklung *KW* mit dem in ihrer Mitte befindlichen „Wendezahn" (vgl. Abb. 41) vorhanden. Zur richtigen Einstellung der Phase ihres

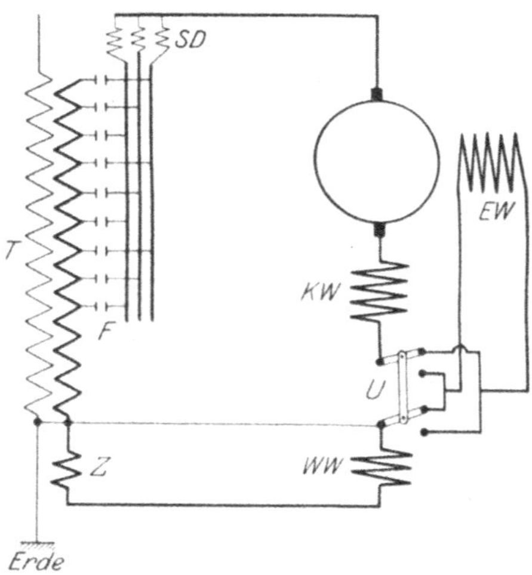

Abb. 51.
(Bahn Kiruna—Riksgränsen).

Feldes hat sich noch die in die Brückenleitung q eingeschaltete Drosselspule als notwendig erwiesen [1]).

20. Drehzahlregelung, Anlassen und Umkehren.

Nach Gl. 54 besteht Proportionalität zwischen der Drehzahl u und der EMK der Rotation. Da letztere einen wesentlichen Teil der Klemmenspannung K_2 des Läufers (Abb. 25) und dadurch wiederum einen Teil der gesamten Klemmenspannung K bildet, so ist es am einfachsten, die Drehzahl durch Änderung von K oder K_2 zu regeln. Die Änderung von K_2 hat natürlich mehr Einfluß auf die Drehzahl als die von K. Zur Änderung der Spannung dient die stufenweise Unterteilung der sekundären Wicklung eines Transformators (Abb. 49—51). Dabei erfolgt die Änderung der Spannung sprungweise [2]). Wo nicht schon wegen zu hoher Netzspannung ein Transformator (Haupttransformator oder Betriebstransformator) angewendet wird, kann zum Zwecke der Regelung ein Spartransformator (Spannungsteiler) angewendet werden. Soll eine sprunghafte Spannungsänderung vermieden werden, so muß sie durch einen zusätzlichen Drehtransformator wie in Abb. 52 erfolgen. Seine sekundäre Wicklung 2 ist mit der des Haupttransformators II in Reihe geschaltet, während die primären Wicklungen 1 und I parallel liegen. Dazu dient Ständer und Läufer eines Motors ohne Kommutator. Der Läufer kann mittels besonderer Einrichtung um 360° gedreht und in beliebiger Stellung festgehalten werden. Ist die Stellung so, daß die sekundären EMKe beider Transformatoren ohne Phasenverschiebung im gleichen Sinne wirken, so addieren sie sich, während sie sich bei entgegengesetzter Stellung subtrahieren. Bei den Zwischenstellungen findet geometrische Addition bzw. Subtraktion statt, so daß jeder Spannungswert ohne Sprung eingestellt werden kann.

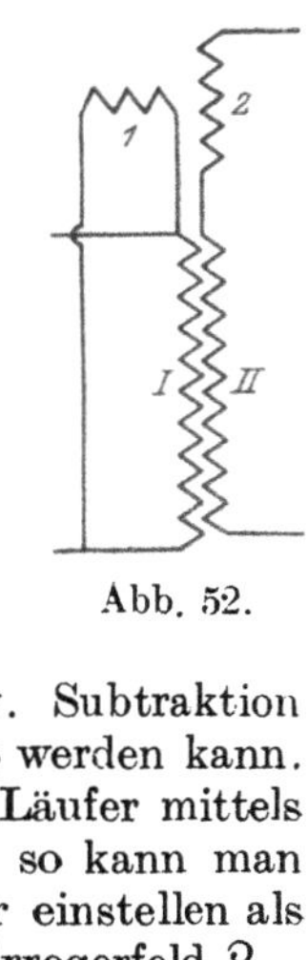

Abb. 52.

Wird die Aufteilung der Spannung auf Ständer und Läufer mittels eines Zwischenanschlusses q regelbar gemacht (Abb. 49), so kann man für den Anlauf des Motors K_1 höher und K_2 niedriger einstellen als beim Betrieb. Durch die Steigerung von K_1 wird das Erregerfeld $\mathfrak{Z}_{1f}$, dem das Drehmoment (Gl. 59) proportional ist, verstärkt, während durch Verminderung von K_2 der Läuferstrom verkleinert wird, was zur Schonung des Kommutators und der Bürsten vorteilhaft ist. Wenn

---

[1]) Abb. 50 enthält noch einen die Bürsten kurz schließenden Schalter s. Wird dieser geschlossen, so wird der Motor zu einem Repulsionsmotor, um dadurch beim Anlauf ein größeres Drehmoment zu erzielen (vgl. § 33).

[2]) Damit bei dieser sprungweisen Schaltung mittels der Schalter F keine Unterbrechung des Stromes eintritt, sind bei Abb. 50 zwei, bei Abb. 51 drei Anschlußschienen vorgesehen, so daß zwei bzw. drei von den Schaltern F eingeschaltet werden können. Damit während dieser Zeit die Transformatorspule nicht kurzgeschlossen ist, sind die Schaltdrosselspulen SD vorhanden.

der Läufer im Betrieb ist, kann der Strom nicht mehr zu hoch ansteigen, weil dann die EMK der Rotation vorhanden ist, die entgegengesetzte Phase wie der Strom hat (Abb. 11).

Das gleiche Ziel wird nach Winter und Eichberg[1]) durch Reihenschaltung des Reguliertransformators und der Erregerwicklung *EW* (Abb. 57) erreicht. Da der Läufer und die Sekundärwicklung in Reihe geschaltet sind, bleibt der Charakter des Reihenschlußmotors erhalten. Weiteres darüber in § 23.

Zur Umkehrung der Drehrichtung eines Reihenmotors ist bekanntlich die Umschaltung des Triebfeldes oder des Läuferstromes in entgegengesetzte Richtung erforderlich. Im letzteren Falle muß auch die Wendepol- und Kompensationswicklung umgeschaltet werden, da ihre Felder im gleichen Verhältnis zum Läuferquerfeld bleiben müssen. Daher ist es am einfachsten, das Triebfeld durch Umschaltung der Erregerwicklung *E W* umzukehren, wie es in Abb. 50 und 51 mittels des Umschalters *U* geschehen kann[2]).

21. Reihenmotoren mit Läuferkurzschluß (Winter und Eichberg, Latour).

Wie auf S. 44 bemerkt wurde, besteht das allgemeinste Mittel zur Bekämpfung der Funkenbildung, gleichgültig ob sie von einer EMK der Rotation oder Transformation und dem entsprechenden Kurzschlußstrom herrührt, in der Verminderung der Selbstinduktion L_k bis auf Null. Dies wird durch die Anwendung eines sekundären kurzgeschlossenen Stromkreises erreicht. Die hierher gehörigen Motoren sind dadurch gekennzeichnet, daß sie nebst den Hauptbürsten *B*, die in der neutralen Linie stehen und den Arbeitsstrom zuführen, noch ein zweites oder drittes Bürstenpaar erhalten, das die Läuferwicklung oder Teile derselben kurzschließt.

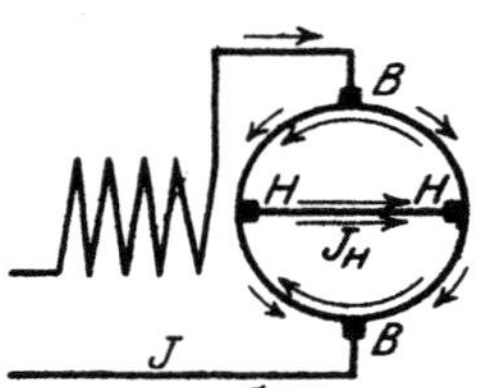

Abb. 53.

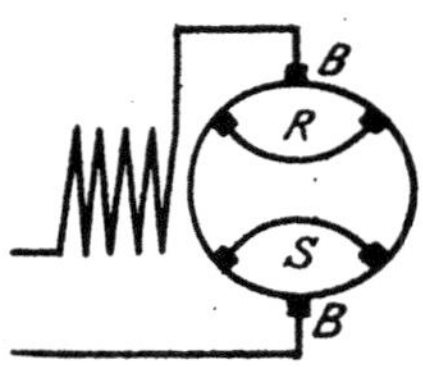

Abb. 54.

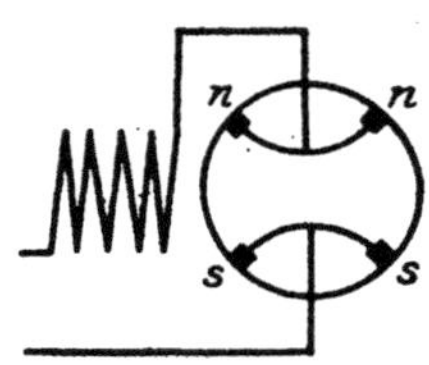

Abb. 55.

Bei dem Motor von Winter und Eichberg (Abb. 53) sind zwei Bürsten *H* vorhanden, die durch ein Stück Leitungsdraht (Kupferseil)

---

[1]) Diese Schaltung wurde für die Winter-Eichberg-Motoren angegeben. Sie kann aber ohne weiteres auch bei gewöhnlichen Reihenmotoren angewendet werden.

[2]) Über die besonderen Regelungseinrichtungen für elektrische Bahnbetriebe mit Wechselstrom vgl. die umfassende Zusammenstellung von B. Wachsmuth in „Annalen f. Gewerbe u. Bauwesen", Bd. 79 u. 80.

miteinander verbunden sind. Sie stehen in der magnetischen Achse des Ständerfeldes, so daß die obere und die untere Hälfte der Läuferwicklung je einen kurzgeschlossenen Stromkreis bilden. Bei dem Motor von M. Latour (Abb. 54) befindet sich je ein kurzgeschlossenes Bürstenpaar R und S zu beiden Seiten der Hauptbürsten in symmetrischer Stellung, so daß jede unter einer Hauptbürste B befindliche Läuferspule einen Teil dieses über R bzw. S kurzgeschlossenen Stromkreises bildet. Man erkennt ohne weiteres, daß die zweite Art in die erste übergeht, wenn die Bürstenpaare R, S zu einem vereinigt werden[1]).

Vielfach werden diese Motoren wegen der kurzgeschlossenen Hilfsbürsten als Repulsionsmotoren aufgefaßt. Das dies unrichtig ist, beweist folgender Versuch. Hebt man die Hilfsbürsten ab, so arbeitet der Motor wie ein gewöhnlicher Reihenmotor ohne Kompensationswicklung. Hebt man aber die Hauptbürsten ab (wobei natürlich die Erregerwicklung nicht abgeschaltet, sondern besonders angeschlossen werden muß), so dreht sich der Läufer trotz den aufliegenden Hilfsbürsten nicht; sein Drehmoment ist Null. Beim Repulsionsmotor kommt das Drehmoment nur dadurch zustande, daß die Bürsten schräg zur magnetischen Achse des Triebfeldes stehen. Diese Schrägstellung ist eine Eigentümlichkeit, die von entscheidender Bedeutung ist. Natürlich erfährt ein Reihenmotor, der mit einem Läuferkurzschluß wie in Abb. 53 oder 54 versehen ist, eine Änderung seiner Eigenschaften. Die Änderung ist aber von untergeordneter Bedeutung und erstreckt sich, wie im folgenden gezeigt wird, auf die Verminderung der Funkenbildung und der Phasenverschiebung. In der Hauptsache bleibt die Charakteristik der Reihenmotoren, insbesondere die Abhängigkeit des Drehmomentes von der Drehzahl (Abb. 23) bestehen, während die der Repulsionsmotoren ganz anders ist (vgl. Abb. 73).

Wie vom Verfasser gezeigt wurde[2]), vermindert sich die Funkenwärme eines Unterbrechungsfunkens vom Werte $\mathfrak{J}_k^2 \dfrac{w_f L_k}{2(w_f + w_k)}$ bei einem gewöhnlichen Stromkreis auf den Wert

$$\mathfrak{J}_k^2 \frac{w_f L_k (1 - \varkappa^2)}{2(w_f + w_k)} = \mathfrak{J}_k^2 \frac{w_f L_k \delta}{2(w_f + w_k)},$$

wenn mit dem Unterbrechungsstromkreis ein anderer (sekundärer) Stromkreis magnetisch verkettet (gekuppelt) ist, dessen Ohmscher Widerstand verschwindend klein ist[3]). Hier bedeutet $\varkappa$ den magne-

[1]) Solche kurzgeschlossene Hilfsbürsten können natürlich auch bei Nebenschlußmotoren (III. Abschnitt) angewendet werden.

[2]) „Elektrot. u. Maschinenb." Wien 1906, S. 923. Ferner auszugsweise in: „Die wissenschaftlichen Grundlagen der Elektrotechnik" § 188 bis 190. Über die Verminderung der wirksamen oder äquivalenten Selbstinduktion durch einen sekundären Strom im allgemeinen vgl. dort § 152, 153.

[3]) Ist dieser Widerstand nicht verschwindend klein, so ist der Ausdruck für die Funkenwärme verwickelter. Es ist nicht nötig, darauf einzugehen, weil dieser Widerstand hier tatsächlich sehr klein ist.

tischen Kupplungsfaktor, dessen Wert zwischen 0 und 1 liegt, während δ der entsprechende Streufaktor ($\delta = 1 - \varkappa^2$) ist. Für $\varkappa = 1$, d. h. für vollkommene magnetische Kupplung oder mit anderen Worten wenn zwischen den beiden Stromkreisen keinerlei Streuung besteht ($\delta = 0$), wird die Funkenwärme Null, d. h. es gibt keine Funkenbildung. Diese funkenvermindernde Wirkung ergibt sich aus der Verminderung der wirksamen Selbstinduktion vom Werte L_k auf den Wert $L_k (1 - \varkappa^2) = \delta L_k$ und erklärt sich physikalisch auf folgende Weise. Wenn ein Strom unterbrochen, d. h. auf Null gebracht wird, muß das der Stromstärke entsprechende magnetische Feld und damit auch die im magnetischen Felde aufgespeicherte Energie verschwinden. Sie verschwindet dadurch, daß sie sich im Unterbrechungswiderstand w_f in Wärme umsetzt und so den Funken erzeugt. Ist aber ein sekundärer Stromkreis mit dem Unterbrechungsstromkreis durch magnetische Kraftlinien verkettet, so induziert der Strom, während er auf Null fällt, einen sekundären Strom. Die freiwerdende magnetische Energie findet also einen andern Weg; sie erscheint als sekundärer Strom, und dieser dauert so lange, bis die genannte Energie aufgezehrt ist. Je kleiner der Widerstand des sekundären Stromkreises, und je enger die Kupplung zwischen beiden Stromkreisen ist, desto mehr Energie geht auf den sekundären über und desto weniger bleibt für den Funken übrig. Ist der sekundäre Widerstand Null und der Kupplungsfaktor $\varkappa = 1$, so geht die gesamte Energie auf den sekundären Kreis über, und es tritt an der Unterbrechungsstelle kein Funken auf. Durch die kurzgeschlossenen Hilfsbürsten (Abb. 53) werden auf dem Läufer zwei kurzgeschlossene Stromkreise (einer für jeden Pol) hergestellt. Jene Läuferspulen, deren Vorübergang an den Hauptbürsten die Funkenbildung bewirkt, sind Teile dieser kurzgeschlossenen Stromkreise. Sie sind also sehr eng mit ihnen gekuppelt, und daher wird die Funkenbildung sehr vermindert[1]).

Es entsteht nun die Frage, ob nicht unter den Hilfsbürsten Funkenbildung auftritt, denn dann wäre die Verminderung der Funkenbildung unter den Hauptbürsten kein Gewinn. Um das zu untersuchen, müssen wir die magnetischen Felder betrachten. Die durch das Hilfsbürstenpaar H gebildeten zwei kurzgeschlossenen Stromkreise haben dieselbe Achse, wie das vom Arbeitsstrom J erzeugte Triebfeld. J ist also der primäre, J_H der sekundäre Strom eines Transformators. Sehen wir von der Streuung ab, so sind die sekundären Amperwindungen

---

[1]) Diese Erklärung der Funkenunterdrückung rührt vom Verfasser her. Die Erfinder dieser Motoren sind von anderen Erwägungen ausgegangen. Sie betrachten nämlich den von den kurzgeschlossenen Hilfsbürsten gebildeten Stromkreis mit dem Kurzschlußstrom J_H als Erzeuger eines Kompensationsfeldes, das das Triebfeld zum Teil aufhebt. Das ist richtig, genügt aber nicht zur Erklärung der Funkenunterdrückung, denn das Läuferquerfeld bleibt bestehen, und daher auch die in der kurzgeschlossenen Spule unter den Hauptbürsten erzeugte EMK der Rotation $\mathfrak{E}_{rk}$ (S. 42). Diese würde Funkenbildung verursachen, wenn nicht die oben besprochene Verminderung der Selbstinduktion L^k durch den kurzgeschlossenen Stromkreis bewirkt würde.

wie bei einem streuungslosen Transformator gleich den primären, und das vom sekundären Strom erzeugte Feld ist gleich groß und entgegengesetzt dem Triebfeld und zwar bei jeder Belastung, so daß sich diese beiden innerhalb des Läufers gegenseitig aufheben.

Im Läufer bleibt somit nur das Läuferquerfeld, dessen Richtung nur durch die Hauptbürsten bestimmt ist. Eine Verschiebung dieser Bürsten mit zunehmender Stromstärke ist also nicht erforderlich und gar nicht zulässig, weil sonst ein Teil des Läuferquerfeldes in die Richtung des Triebfeldes fallen und dadurch das Drehmoment vermindert würde[1]). Wenn sich aber die beiden genannten Felder im Läufer gegenseitig aufheben, so gibt es keine Funkenbildung unter den Hilfsbürsten. Das Läuferquerfeld, das allein noch vorhanden ist, erzeugt im eigenen Stromkreis nur eine EMK der Selbstinduktion. Aus dieser kann aber kein Strom entstehen, sondern sie stellt nur einen induktiven Widerstand dar. Nun ist aber die Streuung zwischen dem primären Strom J und dem sekundären Strom J_H nicht Null, sondern wegen des Luftzwischenraumes beträchtlich. Infolgedessen sind die Amperewindungen und ihre Felder nicht gleich und sind nicht genau entgegengesetzt (180° Phasenverschiebung), sondern haben eine Phasenverschiebung, die kleiner ist als 180°, so daß ein resultierendes Feld entsteht, das in der Richtung der magnetischen Achse des Motors verläuft, weil seine Komponenten in dieser Richtung verlaufen. Infolgedessen gibt es doch eine gewisse EMK der Rotation in den jeweils unter den Hilfsbürsten befindlichen Läuferspulen und daher auch eine kleine Funkenbildung. Da diese EMK der Drehzahl proportional ist, so wächst die Funkenbildung mit der Drehzahl. Infolgedessen sind diese Motoren bei hohen Drehzahlen weniger geeignet.

Außer der Unterdrückung der Funkenbildung an den Hauptbürsten bewirkt der Läuferkurzschluß noch eine Verminderung der Phasenverschiebung φ und daher Vergrößerung des Leistungsfaktors $\cos\varphi$. Nach § 15 ist die Phasenverschiebung eines gewöhnlichen Reihenmotors bestimmt durch $\operatorname{tg}\varphi = \frac{\omega L_1 + \omega \lambda_2}{w_1 + \varrho_2}$, wenn man von den Eisenverlusten im Ständer absieht, um den Einfluß des Läuferkurzschlusses deutlicher zu ersehen. Dabei sind ϱ_2 und $\omega\lambda_2$ durch Gl. 74 und 75 bestimmt. Ist ein sekundärer Strom J_H vorhanden, so tritt an Stelle von L_1 die äquivalente Selbstinduktion[2])

$$\lambda_1 = L_1 - \left(\frac{J_H}{J}\right)^2 L_2$$

---

[1]) Wir haben hier ein Gegenstück zum Reihenmotor mit Wendepolen oder mit Kompensationswicklung. Dort wird die Verzerrung des resultierenden Feldes und infolgedessen die Bürstenverschiebung dadurch vermieden, daß das Läuferquerfeld aufgehoben wird, und das Triebfeld allein bestehen bleibt, während hier das Triebfeld aufgehoben wird, und das Läuferfeld allein bestehen bleibt.

[2]) Benischke, „Wiss. Grundlagen d. Elektr.“ § 152.

und an Stelle von w_1 der äquivalente Widerstand

$$\varrho_1 = w_1 + \left(\frac{J_H}{J}\right)^2 w_2 .$$

Daher geht der obige Ausdruck über in

$$\operatorname{tg}\varphi = \frac{\omega\lambda_1 + \omega\lambda_2}{\varrho_1 + \varrho_2} .$$

Die Phasenverschiebung wird also, abgesehen von dem Einfluß der Motorleistung[1]) auf λ_2 und ϱ_2, um so kleiner, je größer J_H gegen J ist, weil λ_1 verkleinert und ϱ_1 vergrößert wird. λ_1 und λ_2 können hierbei aber niemals Null werden. Das ist nur bei einem streuungslosen Transformator möglich, wenn er völlig kurzgeschlossen ist. Hier aber ist die Streuung beträchtlich, und daher hat die experimentelle Untersuchung solcher Motoren immer einen kleineren Leistungsfaktor als 1 ergeben[2]).

Es entsteht weiter die Frage, ob durch die kurzgeschlossenen Hilfsbürsten nicht die Stromstärke in der Läuferwicklung erheblich vergrößert wird. Das ist nicht der Fall, wenn die Bürsten richtig, d. h. in der magnetischen Achse des Motors (beim Latour-Motor symmetrisch zur magnetischen Achse) stehen. Denn dann ist, wie schon im § 4 erörtert wurde, die gesamte EMK der Rotation sowohl in der oberen wie in der unteren Hälfte des Läufers Null. Es gibt also auch keinen entsprechenden Strom. Von dem durch die Hauptbürsten gehenden Arbeitsstrom kann nichts durch die Hilfsbürsten gehen, weil sie die Mitten der beiden Stromzweige (Punkte gleichen Potentiales) verbinden. Dagegen kommt die EMK der Transformation in jeder der beiden Wicklungshälften voll zur Geltung, so daß in ihnen der schon erwähnte sekundäre Strom J_H entsteht. Er ist in Abb. 53 durch die inneren Pfeile (in einem bestimmten Augenblick) dargestellt, während die äußeren Pfeile die Richtung des Arbeitsstromes J zeigen. Wie man sieht, haben diese Ströme in zwei Vierteln gleiche, in zwei Vierteln entgegengesetzte Richtung, so daß der resultierende Strom in zwei Vierteln kleiner, in zwei Vierteln größer wird. Wäre die Stromwärme der ersten Potenz der Stromstärke proportional, so würde durch diese Verteilung

[1]) Der Einfluß der Motorleistung erstreckt sich hauptsächlich auf die Vergrößerung von ϱ_2 und weniger auf die Verkleinerung von λ_2, während sich der Einfluß des sekundären Stromes J_H hauptsächlich auf die Verkleinerung von λ_1 erstreckt und weniger auf die Vergrößerung von ϱ_1.

[2]) In vielen Veröffentlichungen wurde sogar die Ansicht vertreten, daß die Phasenverschiebung φ negativ werden könne, so daß der Motor voreilenden Strom aufnehmen würde. Diese falsche Ansicht ist durch die obenerwähnte Erklärung entstanden, die das vom Kurzschlußstrom J_H erzeugte Feld als Kompensationsfeld auffaßt. Das verleitete zu dem Schluß, daß auch eine Überkompensierung und infolgedessen ein voreilender Strom möglich sei. Eine Überkompensierung durch einen sekundären Strom ist aber unmöglich, weil nur im äußersten theoretischen Falle seine Amperewindungen gleich den primären und die Phasenverschiebung gleich 180° wird. Praktisch bleiben die Amperewindungen und die Phasenverschiebung immer unter diesen Grenzwerten.

des Stromes keine Änderung der gesamten Stromwärme eintreten. Da sie aber der zweiten Potenz der Stromes proportional ist, hat das eine Vergrößerung der gesamten Stromwäre, also eine Verminderung des Wirkungsgrades zur Folge.

Betrachtet man nun die Vor- und Nachteile dieser Motoren gegenüber den gewöhnlichen Reihenmotoren mit Wendepolen und Kompensationswicklung, so ist folgendes zu beachten. Die durch den Läuferkurzschluß bewirkten Vorteile (Unterdrückung der Funkenbildung und Vergrößerung des Leistungsfaktors) sind um so größer, je stärker der Kurzschlußstrom J_H ist, d. h. je kleiner der Ohmsche Widerstand des sekundären Kreises gegenüber seinem induktiven Widerstande ist, und je höher die Periodenzahl ist. Je kleiner diese ist, desto weniger wirksam ist der Läuferkurzschluß; bei der Frequenz Null ist er gänzlich unwirksam. Nun ist bei den Einphasen-Bahnen wegen der Funkenbildung und wegen des Drehmomentes der gewöhnlichen Reihenmotoren die Frequenz immer weiter bis endlich auf 15 (oder $16^2/_3$) herabgesetzt worden. Bei dieser niedrigen Frequenz kommt die günstige Wirkung des Läuferkurzschlusses nicht mehr voll zur Geltung, während die gewöhnlichen Reihenmotoren erst da für dauernden Betrieb geeignet wurden. Dazu kommt ferner, daß der Wirkungsgrad der Wechselstrom-Reihenmotoren und das Verhältnis ihrer Leistung zu ihrer Größe erst bei hohen Drehzahlen günstig wird. Bei den Reihenmotoren mit Läuferkurzschluß zeigt sich aber bei höheren Drehzahlen schon Funkenbildung an den Hilfsbürsten (S. 61).

Es ergibt sich also: Bei niederer Frequenz und großer Drehzahl sind die gewöhnlichen kompensierten Reihenmotoren, bei hoher Frequenz und kleiner Drehzahl sind die Reihenmotoren mit Läuferkurzschluß günstiger[1]). Es kommt ferner noch in Betracht, daß die Unterbringung von 4 Bürsten für jedes Polpaar bei vielpoligen Motoren Schwierigkeiten macht.

Vergleicht man die Anordnung mit 4 Hilfsbürsten (Latour, Abb. 54) und die Anordnung mit zwei Hilfsbürsten (Winter-Eichberg, Abb. 53), so ergibt sich: Jene hat unter den Hilfsbürsten eine gewisse Funken-

---

[1]) Auf die günstigste Frequenz für den Bahnbetrieb, die vor dem Kriege ziemlich übereinstimmend auf 15 bis 17 Per. festgestellt wurde, kann hier nicht eingegangen werden. Es sei nur darauf hingewiesen, daß die Errichtung besonderer Kraftwerke und Verteilungsnetze für den Bahnbetreb eine Verschwendung bedeutet, die unter den durch den Krieg entstandenen Verhältnissen nur dann gerechtfertigt ist, wenn Motoren für 50 Per. noch größere Nachteile mit sich brächten, was durchaus nicht feststeht. Erst hätten die Motoren mit kurzgeschlossenen Hilfsb"rsten für 50 Per. besser ausgebildet werden müssen, bevor man den gewöhnlichen Reihenmotoren zu Liebe die Frequenz auf 15 herabsetzte. Bei dieser Frequenz waren die Motoren mit Läuferkurzschluß aus dem oben angegebenen Grunde im Nachteil. Daraus folgt aber nicht, daß sie auch bei 50 Per. im Nachteil sind. Es ist ferner möglich daß sich auch die Repulsionsmotoren (IV. Abschnitt) für 50 Perioden so ausbilden lassen, daß man im Interesse einheitlicher Kraft- und Lichtversorgung auf diese Frequenz zurückkommt. Vgl. die Erörterungen in „Elektrot. u. Maschinenbau" 1919 S. 423, 520; 1920, S. 86 u. f.

bildung, weil die von diesen Bürsten jeweils kurzgeschlossene Spule eine EMK der Transformation und daher einen entsprechenden Strom hat, während bei dieser Anordnung die kurzgeschlossene Spule keine solche EMK hat, weil die Bürsten in der magnetischen Achse stehen. Auch hinsichtlich der Verminderung der Phasenverschiebung ist die Anordnung mit zwei Hilfsbürsten günstiger, weil da die ganze Läuferwicklung einen sekundären kurzgeschlossenen Stromkreis bildet, während bei der anderen Anordnung nur ein Teil kurzgeschlossen ist. Hinsichtlich der Stromwärme in der Läuferwicklung ist aber die Anordnung mit 4 Hilfsbürsten günstiger, weil da der Transformatorstrom nicht die ganze Läuferwicklung, sondern nur einen Teil durchfließt. Bei mehrpoligen Motoren, wo der Abstand zwischen zwei Hauptbürsten klein ist, ist aber die Unterbringung von 4 Hilfsbürsten gar nicht mehr möglich. Eine Verminderung der Bürstenzahl ergibt sich aber bei der Anordnung nach Abb. 55, die sich auf Abb. 54 zurückführen läßt, weil die vom Arbeitsstrom erzeugten Läuferpole *n n* und *s s* resultierende Pole ergeben, die in der neutralen Linie liegen.

22. Kommutatorläufer mit Käfigkurzschluß.

Lange bevor Winter-Eichberg und Latour ihre im Vorstehenden behandelten Motoren angegeben haben, verfertigte die AEG kleine Ventilatormotoren für einphasigen Wechselstrom, die äußerlich wie gewöhnliche Reihenmotoren aussahen, die aber unter der gewöhnlichen Trommelwicklung des Läufers einen Kurzschlußkäfig wie bei Drehfeldmotoren mit Käfigläufer hatten (Abb. 56). Der sekundäre Strom in diesem Kurzschlußkäfig hat dieselbe Wirkung auf die Funkenbildung und die Phasenverschiebung wie der Bürstenkurzschluß (§ 21). Es besteht nur ein quantitativer Unterschied, denn dort liegt der kurzgeschlossene Stromkreis in der Läuferwicklung selbst, und die Läuferspulen, an denen jeweils unter den Bürsten die Funkenbildung auftritt, bilden einen Teil dieses kurzgeschlossenen Stromkreises, so daß die magnetische Kupplung zwischen diesen beiden sehr eng ist. Hier aber ist der kurzgeschlossene Stromkreis (Käfig) durch Eisen von der Arbeitswicklung des Läufers getrennt, so daß die magnetische Kuppfung zwischen diesen beiden erheblich schwächer ist. Dennoch ist die funkenvermindernde Wirkung so bedeutend, daß derartige Motoren jahrelang in Betrieb waren, während bei Weglassung des Käfigs der Kommutator schon nach achttägigem Betrieb verbraucht war. Nebenbei bewirkt der Kurzschlußkäfig, daß der Motor, nachdem er eine gewisse Drehzahl erreicht hat, als Wechselfeld-Induktionsmotor (§ 40) mitarbeitet und infolgedessen nahezu konstante Drehzahl in der Nähe des Synchronis-

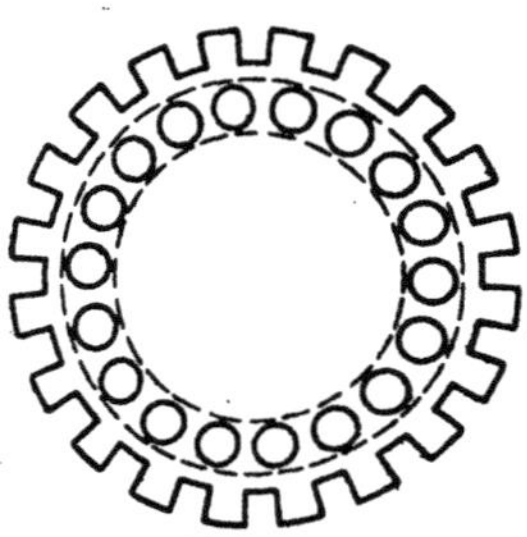

Abb. 56.

mus festhält. Würde er den Synchronismus überschreiten, so würde ein negatives Drehmoment auftreten, das die Drehzahl wieder auf den Synchronismus zurückführt[1]). Ohne den Kurzschlußkäfig zeigen diese Motoren die bekannte starke Abhängigkeit der Drehzahl von der Belastung wie alle gewöhnlichen Reihenmotoren.

V. A. Fyn hat einen Einphasenmotor beschrieben (Proc. Am. Inst. of Electr. Eng. 1915), der einen genau solchen Läufer hat. Außerdem ist noch der Latoursche Bürstenkurzschluß und eine Kompensationswicklung vorhanden, d. h. es sind drei Mittel zur Verminderung der Funkenbildung, die sonst einzeln angewendet werden, auf einen Motor vereinigt worden. Aber auch durch diese Häufung der Mittel kann die Phasenverschiebung nicht Null werden, weil zum mindesten die Streufelder wirksam bleiben, die infolge der magnetischen Stauung durch den Kurzschlußkäfig beträchtlich sind.

23. Reihenschaltung der Ständerwicklung mit der Primärwicklung eines Reguliertransformators.

Winter und Eichberg haben bei Anwendung ihrer Motoren für den Bahnbetrieb die primäre Wicklung eines Transformators mit dem Ständer in Reihe geschaltet und den Läufer an die sekundäre Wicklung desselben angeschlossen (Abb. 57). Diese Schaltung hat mit dem Läuferkurzschluß durch die Hilfsbürsten *H* der Winter-Eichberg-Motoren nichts zu tun, sondern kann bei jedem Reihenmotor angewendet werden. Der Zweck des Transformators ist ein doppelter: 1. Um das Drehmoment beim Anlauf vergrößern zu können, 2. um die Umlaufzahl in weiten Grenzen regulieren zu können, indem die dem Läufer aufgedrückte Spannung K_{t2} durch Verschiebung des Kontaktes *F* an der sekundären Wicklung veränderlich gemacht wird.

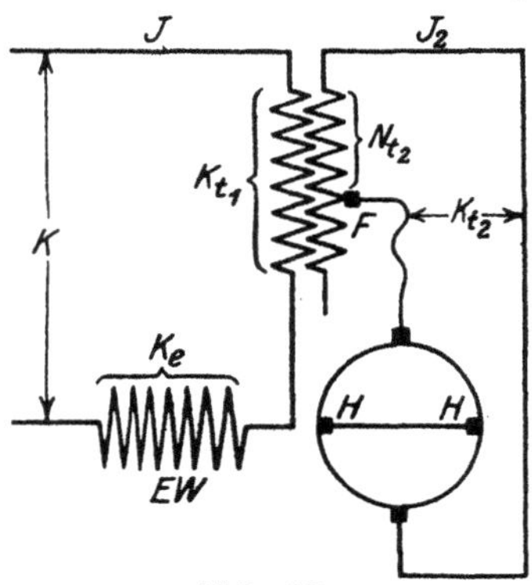

Abb. 57.

Wenn der Läufer stillsteht, also noch keine Gegen-EMK der Rotation vorhanden ist, ist der Transformator beinahe kurzgeschlossen,

[1]) Diese Motoren waren also nicht nur Vorläufer der Reihenkurzschlußmotoren von Latour und Winter-Eichberg, sondern auch der Leblancschen Dämpfung zur Verhütung des Pendelns synchroner Wechselstrommaschinen. Sein Erfinder ist unbekannt geblieben. Die AEG hatte das fertige Modell angekauft, ohne daß ein schriftlicher Verkehr darüber stattgefunden hat. Daher war es nachher nicht mehr möglich, den Erfinder festzustellen. Diese Motoren sind später wegen der großen Herstellungskosten des Läufers aufgegeben und durch einphasige Induktionsmotoren mit gewöhnlichem Käfigläufer und mit einer Hilfswicklung zum Anlassen (§ 42) ersetzt worden.

Über dieselbe Wirkung bei Gleichstrommotoren vgl. Ziehl ETZ 1904, S. 666. Auch bei Amperestundenzählern hat sich eine kurzgeschlossene Parallelwicklung als wirksames Funkenunterdrückungsmittel erwiesen. ETZ 1904, S. 542.

also sein äquivalenter scheinbarer Widerstand $\sqrt{\varrho_t^2 + (\omega \lambda_t)^2}$ klein. Der Strom J ist infolgedessen stark und erzeugt in der Erregerwicklung EW ein starkes Triebfeld $\mathfrak{Z}_{1f}$. Da wegen der noch fehlenden Gegen-EMK der den Läufer speisende Strom J_2 auch sehr stark ist, ist das Drehmoment groß. Mit wachsender Drehzahl wächst die Gegen-EMK der Rotation, also auch die Läuferspannung K_{t2}. Infolgedessen steigt der äquivalente scheinbare Widerstand des Transformators und der Strom J nimmt ab, natürlich abgesehen von einer etwaigen Zunahme des Arbeitsstromes infolge steigender Leistung.

Da der dem Läufer zugeführte Strom J_2 als sekundärer Strom eine Phasenverschiebung von nahezu 180°, also nahezu entgegengesetzte Richtung hat, ist die Drehrichtung entgegengesetzt derjenigen, die der Motor ohne Transformator mit gleichsinnigen Anschlüssen haben würde. Das hat jedoch nichts zu bedeuten, denn die Drehrichtung kann durch Vertauschung der Bürstenanschlüsse oder der Transformatorenanschlüsse beliebig gewählt werden. Die genannte Phasenverschiebung ist aber kleiner als 180°, so daß $\cos\psi$ in Gl. 59 für das Drehmoment kleiner als 1 ist. Die Abweichung von 180° ist um so größer, also $\cos\psi$ um so kleiner, je größer die im sekundären Stromkreis auftretende EMK der Rotation, d. h. je größer die Drehzahl ist. Das ist der zweite Grund, warum sich die Winter-Eichberg-Motoren, die im Bahnbetrieb immer mit dieser Transformatorschaltung angewendet wurden, bei höheren Drehzahlen ungünstiger erwiesen haben, als die gewöhnlichen Reihenmotoren [1]).

Bei genügend hoher Drehzahl kann eine Voreilung des Stromes J gegen die Spannung K_e an der Ständerwicklung eintreten. Das gab Veranlassung zu der falschen Ansicht, daß der Leistungsfaktor gleich 1 werden könne. Wenn aber ein solcher Transformator zur Anwendung kommt, muß das ganze, aus Motor und Transformator bestehende Aggregat betrachtet werden, denn es kommt darauf an, ob das Netz mit wattlosem Strom belastet wird. Gegen die Netzspannung K aber hat der Strom J immer eine nacheilende Phasenverschiebung, weil er der Transformatorspannung K_{t1} um so mehr nacheilt, je mehr er der Spannung K_e an der Ständerwicklung voreilt.

24. Bremsung durch Stromerzeugung.

Für die Anwendung einer Motorgattung im Bahnbetrieb ist es von Wichtigkeit, wie sie sich zur Bremsung eignet, indem die abzubremsende mechanische Arbeit in elektrische umgesetzt wird. Wird sie nur in Stromwärme verwandelt, so ist es eine Verlustbremsung; wird sie zum Teil ins Netz zurückgeliefert und hier nutzbar gemacht, so ist es

[1]) Gewöhnlich wird gesagt, diese Motoren seien bei übersynchroner Drehzahl ungünstiger. Das trifft nicht zu, die genannte Verschlechterung hat mit dem Synchronismus nichts zu tun, sondern die Motoren arbeiten um so ungünstiger, je höher die Drehzahl ist.

eine Nutzbremsung. In jedem Falle muß die Maschine Strom erzeugen. Das tut sie, wenn die Drehrichtung des Läufers entgegengesetzt derjenigen des Motorbetriebes ist, wie beim Senken einer Kranlast. Kann die Drehrichtung eines Läufers nicht umgekehrt werden, wie bei einem zu bremsenden Wagen, so muß die Richtung des Drehmomentes umgekehrt werden, was bei Reihenmaschinen bekanntlich dadurch geschieht, daß entweder die Ständerwicklung oder die Läuferwicklung umgeschaltet wird.

Wird eine Reihenmaschine vom Netz abgetrennt und über einen kleinen Widerstand geschlossen, so kann sie infolge von Selbsterregung Gleichstrom erzeugen, dessen Arbeit im ganzen aus Maschine und Widerstand bestehenden Stromkreis in Wärme umgesetzt wird. Das ist also eine Verlustbremsung mit Gleichstrom. Um auszudrücken, daß die Maschine über einen kleinen Widerstand geschlossen ist (sonst kommt die Selbsterregung nicht zustande), wird sie gewöhnlich als Kurzschlußbremsung bezeichnet.

Bleibt die Maschine an ihr Wechselstromnetz angeschlossen, während der Läufer gegen das Drehmoment gedreht wird, so spricht man von Rückstrom- oder Gegenstrombremsung. Gl. 71b gibt Aufschluß über die Größe des nun bestehenden Drehmomentes, wenn die Geschwindigkeit $v = \frac{p}{\nu} \cdot u$ negativ eingesetzt wird. Man erkennt daraus und aus Abb. 23, daß bei sehr kleinen Werten von v das Drehmoment jetzt etwas anders verläuft als bei $+v$. Die Abweichung ist aber gering, weil das zweite Glied im Nenner unverändert bleibt. Bei großer Geschwindigkeit und richtiger Bürstenstellung ($\vartheta = 90^0$) ist $w_1 + w_2$ verschwindend klein gegen $v\,\omega\,\varkappa \sqrt{L_1 L_2}$, so daß dann das Drehmoment ebenso verläuft wie beim Motorbetrieb. Da Gl. 71b allgemein gilt, so hat der von diesem Drehmoment erzeugte Strom dieselbe Frequenz ω wie das Netz, an das die Maschine angeschlossen ist. Dabei ist ihr Stromkreis über den Stromerzeuger des Netzes geschlossen. Infolgedessen kann sie auch Gleichstrom, wie oben angegeben, erzeugen. Tatsächlich entsteht denn auch bei dieser Schaltung im allgemeinen sowohl Wechselstrom wie auch Gleichstrom, wenn der Widerstand klein genug ist. In diesem Falle tritt die zur Gleichstromerzeugung erforderliche Selbsterregung, wie Versuche gezeigt haben, immer ein, so daß man annehmen muß, daß der Anstoß zur Selbsterregung von irgendeiner Halbwelle des Wechselstromes ausgeht. In einem Wechselstromnetz ist Gleichstrom nicht brauchbar. Er vergrößert daher nur die Stromwärme, so daß seine Erzeugung keine Nutzbremsung ist. Die Gleichstromerzeugung wird nur dann verhindert, wenn die Stromstärke nicht ausreicht, um die Maschine genügend zu erregen, d. h. wenn der Widerstand des Stromkreises groß ist. Der Widerstand der Reihenmaschine und des Stromerzeugers ist dazu gewöhnlich nicht groß genug, so daß zur Verhinderung der Selbsterregung ein genügender Ohmscher Widerstand eingeschaltet werden muß. Dieser verhindert dann aber auch, daß der von der Reihenmaschine erzeugte Wechselstrom im Netz nutzbar wird, sondern seine Arbeit wird in diesem Widerstand in Wärme umgesetzt. Ja noch mehr, dieser Widerstand kann unter Umständen sogar noch elektrische Arbeit aus dem Netz aufnehmen. und in Wärme umsetzen, so daß dann die entwickelte Wärme größer ist, als die in Wärmeeinheiten umgerechnete mechanische Antriebsarbeit, die gebremst wird. Das heißt, die Bremsung kostet in diesem Falle auch noch elektrische Arbeit aus dem Netz. Darin liegt ein Nachteil der Gegenstrombremsung gegenüber der Kurszchlußbremsung. Andererseits hat sie den Vorteil, daß sie auch bei kleiner Geschwindigkeit sehr wirksam ist, während die Kurzschlußbremsung dabei sehr schwach ist, weil die Gleichstromerregung und daher auch das Drehmoment mit der Geschwindigkeit abnimmt. Bei der Gegenstrombremsung ist hingegen das Drehmoment um so größer, je kleiner die Geschwindigkeit ist (Abb. 23).

Die Ansicht, daß eine Reihenmaschine, die an ein Wechselstromnetz angeschlossen ist, außer Gleichstrom und Wechselstrom von der Netzfrequenz auch Wechselstrom von kleinerer Frequenz dauernd liefern könne, ist unrichtig[1]). Wechselstrom kann nur durch Gegenwirkung gegen das von der Netzspannung erzeugte Drehmoment (Gl. 71b) entstehen, indem dieses durch den mechanischen Antrieb des Läufers überwunden wird. Würde ein Wechselstrom von kleinerer Frequenz erzeugt werden, so würde im Stromkreis der Maschine Interferenz entstehen, d. h. es würde Zeiträume geben, wo Netzstrom und Maschinenstrom sich gegenseitig aufheben würden. In diesen Zeiträumen wäre also das Drehmoment Null, d. h. die Voraussetzung der Stromerzeugung wäre zeitweilig gar nicht vorhanden.

Anders ist es bei vorübergehenden Zustandsänderungen (Einschalten, plötzliche Änderungen der Geschwindigkeit). Dabei kann als vorübergehende Ausgleichserscheinung ein Wechselstrom von kleinerer oder größerer Frequenz auftreten. Das hängt von der Anzahl der Windungen, der Zähne, der Pole, der parallelen Wicklungszweige und von der Drehzahl ab; also nur von der Maschine selbst, so daß man von einer oder mehreren Eigenfrequenzen einer Maschine sprechen kann. Ja es hat sich gezeigt, daß in manchen Maschinen solche „Eigenströme" sogar beim Motorbetrieb auftreten können und unter Umständen so stark werden, daß der Motor gebremst wird[2]). Ist dadurch seine Drehzahl stark vermindert worden, so hört der „Eigenstrom" wieder auf, und der Motor kommt wieder auf höhere Drehzahl. Dadurch kann

---

[1]) Wechselströme, deren Frequenz ein Vielfaches der Grundfrequenz ist, können wie überall auch hier vorkommen und die Wellenform verändern. Sie entstehen durch den Einfluß der Hysterese, durch die Form der Pole und Zähne, und durch Ankerrückwirkung. Die von den Zähnen herrührenden Ströme hoher Frequenz können den Telephonbetrieb sehr stören, weil bei Bahnen der Strom durch die Erde geht.

[2]) M. Schenkel, „Archiv f. Elektrot." Bd. 2, S. 10, 1913. P. Müller, ebenda Bd. 4, S. 373, 1916.

der Eigenstrom wieder entstehen. So erfährt der Motor periodische Bremswirkungen, die einen brauchbaren Betrieb unmöglich machen. Diese Erscheinung kommt aber nur bei solchen Motoren vor, bei denen irgendwelche geschlossene Stromkreise vorhanden sind, in denen ein in sich geschlossener Strom entstehen kann. Das ist der Fall, wenn die Ständer- oder Läuferwicklung parallele Wicklungszweige hat, oder wenn ein zur Regelung der Drehzahl oder zur „doppelten Speisung" dienender Transformator mit dem Motor einen geschlossenen Stromkreis bildet. Motoren, die solche Erscheinungen zeigen, müssen umgebaut werden.

25. Stabilität des Bremsbetriebes.

Die Vorschaltung eines Widerstandes zwecks Erhöhung des Gesamtwiderstandes wäre auch dann notwendig, wenn es sich nicht um die Verhinderung der Selbsterregung, sondern überhaupt nur um die Ermöglichung eines stabilen Bremsbetriebes handeln würde. Schon bei Gleichstrom ist der Betrieb einer an ein Gleichstromnetz angeschlossenen Reihenmaschine als Stromerzeuger nicht stabil, wenn nicht der Spannungsabfall beträchtlich ist. Denn der Spannungsabfall ist der Unterschied zwischen der EMK dieses Stromerzeugers und der Netzspannung. Nimmt die Stromstärke aus irgendeinem Grunde ab, so wird das Triebfeld schwächer, weil es ja von demselben Strom erregt wird. Infolgedessen sinkt die EMK. Sinkt sie unter die Netzspannung, so fließt Strom aus dem Netz in die Maschine, statt umgekehrt. Je kleiner der Spannungsabfall ist, desto kleiner braucht die Abnahme der Stromstärke zu sein, damit dieses Umkippen des Betriebes zustande kommt. Je größer der Spannungsabfall ist, desto mehr kann der Strom abnehmen, bevor die Erregung soweit sinkt, daß die EMK der Maschine unter die Netzspannung sinkt.

Bei Wechselstrom kommt zum Ohmschen Spannungsabfall noch der den Streufeldern entsprechende induktive Spannungsabfall hinzu, so daß der Betrieb als Stromerzeuger von vornherein etwas stabiler ist. Der Unterschied ist aber nicht groß, weil sich Ohmscher und induktiver Spannungsabfall nicht gleichphasig, sondern rechtwinklig addieren. Bei Wechselstrom könnte also zwecks Stabilisierung des Betriebes auch eine Drosselspule vorgeschaltet werden. Die auf S. 67 besprochene Selbsterregung kann aber nur durch Ohmschen Widerstand verhindert werden.

26. Besondere Schaltungen für Nutzbremsung.

Die im Vorigen erwähnten Umstände — Selbsterregung, mangelnde Stabilität des Betriebes —, die bei Reihenmaschinen eine Nutzbremsung praktisch verhindern, haben ihren Grund darin, daß das Triebfeld von dem ins Netz fließenden Strom erregt wird. Ist es hingegen unabhängig davon, indem es von einem anderen Strom erzeugt wird, so sind diese Hindernisse nicht vorhanden. Dabei ist aber zu beachten, daß zwischen

Triebfeld und Läuferstrom keine größere Phasenverschiebung bestehen darf, weil sonst das Drehmoment und damit die Bremswirkung zu klein ist, denn nach § 6 ist es dem cos ψ proportional.

Abgesehen von der Erregung des Triebfeldes durch Nebenschluß (§ 27), kommt die Erzeugung des Erregerstromes durch eine fremde Stromquelle in Betracht. Dazu kann ein anderer Motor desselben Fahr-

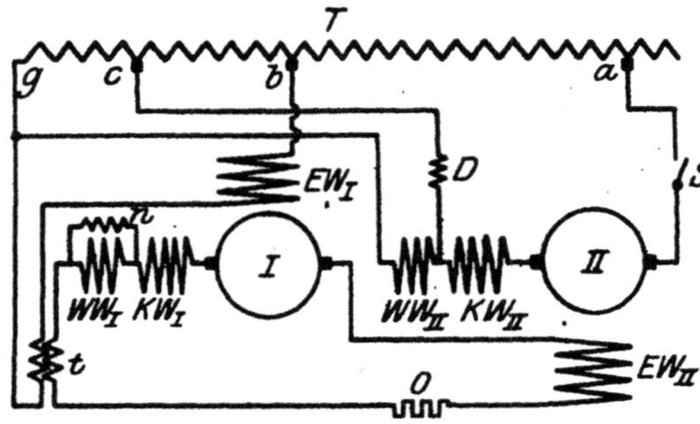

Abb. 58.

zeuges benutzt werden. Abb. 58 zeigt die jüngste derartige Schaltung[1]) (nur die Bremsschaltung, nicht die Motorschaltung), die auch praktisch guten Erfolg verspricht. Maschine I wird so geschaltet, daß sie als Stromerzeuger die Erregerwicklung EW_{II} der anderen Maschine, die zur Bremsung dient, speist. Zu diesem Zwecke wird die Erregerwicklung EW_I durch einen besonderen Anschluß bg des Betriebstransformators gespeist. Der kleine Transformator t und der regelbare Widerstand O dient dazu, den Erregerstrom in EW_{II} so einzustellen, daß er ungefähr gleiche Phase wie der in II erzeugte Bremsstrom hat. Der Nebenschluß n dient zur Einstellung des Stromes in der Wendepolwicklung WW_1 der Maschine I. Die Wendepolwicklung WW_{II} der Hauptmaschine wird durch einen besonderen Anschluß cg am Transformator und durch die Drosselspule D eingestellt. Der Schalter S wird erst geschlossen, nachdem II bereits durch I erregt ist. Zur Regelung des Bremsdrehmomentes dient der veränderliche Anschluß a. Ein Nachteil dieser Methode liegt darin, daß der von der Maschine I erzeugte Erregerstrom und damit das Bremsdrehmoment der Maschine II mit der Drehzahl abnimmt[2]).

III. Nebenschlußmotoren.

27. Stromstärke und Drehmoment.

Nebenschlußmotoren haben den Nachteil, daß im allgemeinen zwischen dem Ständerstrom und dem Läuferstrom eine Phasenverschiebung ψ besteht. Da das Drehmoment nach § 6 dem cos ψ pro-

[1]) Monath, „Elektr. u. Maschinenbau" 1919, S. 461.

[2]) S. auch die Schaltungen in einem Vortrag von M. Schenkel vor dem Elektr. Verein, der im Jahrg. 1920 der „ETZ" erscheinen wird.

portional ist, so ist es ohne Anwendung besonderer Mittel kleiner als bei Reihenmotoren, wo ψ immer Null ist. Dagegen haben die Nebenschlußmotoren den Vorteil, daß sie beim Antrieb gegen das Drehmoment eine durchaus stabile Nutzbremsung ergeben, was besonders für den Bahnbetrieb wichtig ist.

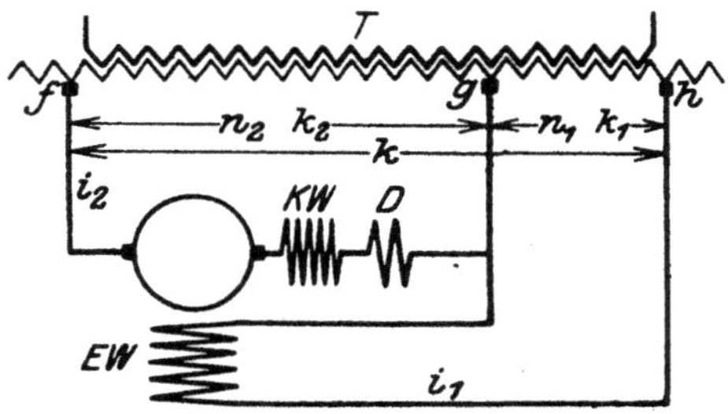

Abb. 59.

Werden Ständer und Läufer nicht an dieselbe Spannung angeschlossen, wie man es vom Gleichstrom gewohnt ist, sondern an besondere Abteilungen eines Transformators oder Spannungsteilers T wie in Abb. 59*), so läßt sich durch geeignete Aufteilung der Spannung und allenfalls durch Vergrößerung der Selbstinduktion des Läuferkreises durch Vorschaltung einer Drosselspule D das volle Drehmoment wie bei Reihenmotoren erreichen.

Stromstärke und Drehmoment ergeben sich auf folgende Weise[1]):

Sind n_1, n_2 die den Spannungen k_1, k_2 entsprechenden Windungen des Transformators (Abb. 59), so ist

$$\left.\begin{aligned} \frac{k_1}{k} &= \frac{n_1}{n_1+n_2} = y_1, \quad \text{also} \quad k_1 = y_1 k \quad \ldots\ldots \\ \frac{k_2}{k} &= \frac{n_2}{n_1+n_2} = y_2, \quad \text{also} \quad k_2 = y_2 k, \quad \ldots\ldots \end{aligned}\right\} (1)$$

so daß y_1, y_2 die Aufteilung der gesamten Spannung k auf Ständer- und Läuferstromkreis angeben. Dabei wird vorausgesetzt, daß k_1, k_2 und k gleiche Phase haben. Wird ferner vorausgesetzt, daß die Bürsten in der neutralen Linie stehen, also $\vartheta = 90^0$, $e_{1t} = 0$, $e_{2t} = 0$ ist, so ist nach Gl. 21 bis 30 (S. 9):

$$k_1 = w_1 i_1 + L_1 \frac{di_1}{dt} = y_1 k \quad \ldots\ldots\ldots \quad (2)$$

$$k_2 = w_2 i_2 + L_2 \frac{di_2}{dt} + v\,\omega\,M\,i_1 = y_2 k \quad \ldots \quad (3)$$

Zur Vereinfachung vernachlässigen wir den Ohmschen Widerstand w_1 gegen den induktiven ωL_1. Der Fehler liegt bei normalen Maschinen unter einem halben Prozent. Dagegen dürfen wir den Widerstand w_2 des Läuferkreises nicht vernachlässigen, weil, wie wir sehen werden, die Rotationsspannung und die Induktionsspannung zum Teil gegen-

*) Eichberg, „ETZ“ 1904, S. 81, Fig. 28. Behn-Eschenburg, „ETZ“ 1918, S. 481. „Elektr. u. Maschinenbau“ 1918, S. 553. Vgl. auch Abb. 49 unter den Motoren mit Zwischenanschluß.

1) Benischke, „Elektr. u. Maschinenbau“ 1920, S. 69.

einander wirken, so daß w_2 erheblichen Einfluß haben kann. Gl. (2) vereinfacht sich also in

$$L_1 \frac{di_1}{dt} = y_1 k \quad \ldots \ldots \ldots \ldots (4)$$

Eliminiert man k aus (3) und (4), so erhält man

$$y_1 w_2 i_2 + y_1 L_2 \frac{di_2}{dt} = y_2 L_1 \frac{di_1}{dt} - y_1 v \omega M i_1 \quad \ldots \ldots (5)$$

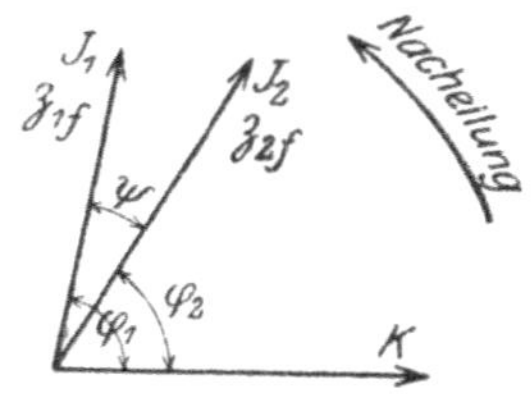

Abb. 60.

Wir setzen

$$i_2 = \mathfrak{J}_2 \sin \omega t$$
$$i_1 = \mathfrak{J}_1 \sin (\omega t - \psi),$$

d. h. der Ständerstrom i_1 eilt dem Läuferstrom i_2 um den Winkel ψ nach (Abb. 60). Es wird sich zeigen, unter welchen Verhältnissen ψ positivoder negativ ist. Im letzteren Falle eilt i_1 dem i_2 voraus. Setzt man in Gl. 5 ein, so ist

$$y_1 w_2 \mathfrak{J}_2 \sin \omega t + y_1 \omega L_2 \cos \omega t =$$
$$= y_2 \omega L_1 \mathfrak{J}_1 \cos (\omega t - \psi) - y_1 v \omega M \mathfrak{J}_1 \sin (\omega t - \psi).$$

Dividiert man durch den Scheitelfaktor, so gehen die Scheitelwerte $\mathfrak{J}_1$, $\mathfrak{J}_2$ in die effektiven Werte J_1, J_2 über. Da diese Gleichung für jeden beliebigen Wert von ωt gilt, so setzen wir einmal $\omega t = 0$ und einmal $\omega t = 90^0$, und erhalten so zwei Gleichungen. Werden diese quadriert und addiert, so ergibt sich schließlich nach Einführung der Abkürzungen:

$$R_1 = \omega L_1, \qquad R_2 = \omega L_2, \qquad U = \omega M = \varkappa \sqrt{R_1 R_2} \text{ (S. 2)}:$$

$$\mathfrak{J}_1 = \mathfrak{J}_2 \frac{y_1 \sqrt{w_2^2 + R_2^2}}{\sqrt{(y_2 R_1)^2 + (y_1 v U)^2}} \quad \ldots \ldots \ldots (6)$$

Wird aus den beiden genannten Gleichungen $\mathfrak{J}_2$ eliminiert, so ergibt sich

$$\operatorname{tg} \psi = \frac{y_2 w_2 R_1 + y_1 v U R_2}{y_2 R_1 R_2 - y_1 w_2 v U} \quad \ldots \ldots \ldots (7)$$

Aus der bekannten Beziehung $\cos \psi = \frac{1}{\sqrt{1 + \operatorname{tg}^2 \psi}}$ folgt

$$\cos \psi = \frac{y_2 R_1 R_2 - y_1 w_2 v U}{\sqrt{(y_2 R_1)^2 + (y_1 v U)^2} \sqrt{w_2^2 + R_2^2}} \quad \ldots \ldots (8)$$

Nach Gl. 61 (S. 23) ist das Drehmoment $D = p^2 M J_1 J_2 \cos \psi$

$$= p^2 M J_2^2 \frac{y_1 (y_2 R_1 R_2 - y_1 w_2 v U)}{(y_2 R_1)^2 + (y_1 v U)^2} \quad \ldots \ldots (9)$$

Nun ist noch J_2 aus der Gesamtspannung K zu berechnen. Zu diesem Zweck wird Gl. 3 differenziert und dann $\frac{di_1}{dt}$ mit Hilfe der Gl. 4 eliminiert. Wir setzen dann ein:

$$k = \mathfrak{K} \sin \omega t,$$
$$i_2 = \mathfrak{J}_2 \sin (\omega t - \varphi_2).$$

Demnach ist φ_2 die Nacheilung des Läuferstromes gegen die Gesamtspannung. Nun verfährt man weiter wie oben und erhält:

$$J_2 = K \frac{\sqrt{(y_2 R_1)^2 + (y_1 v U)^2}\ {}^{*)}}{R_1 \sqrt{w_2^2 + R_2^2}} \quad \ldots \ldots (10)$$

$$\operatorname{tg} \varphi_2 = \frac{y_2 R_1 R_2 - y_1 w_2 v U}{y_2 w_2 R_1 + y_1 R_2 v U} \quad \ldots \ldots (11)$$

Aus (9) und (10) folgt dann

$$D = p^2 M K^2 \frac{y_1 (y_2 R_1 R_2 - y_1 w_2 v U)^2}{R_1^2 (w_2^2 + R_2^2)} \quad \ldots \ldots (12)$$

Für $v = 0$ (Stillstand) erhält man daraus das Anlaufsdrehmoment

$$D_a = \frac{p^2 M K^2 y_1 y_2 R_2}{R_1 (w_2^2 + R_2^2)} \quad \ldots \ldots (13)$$

Hinsichtlich des induktiven Widerstandes $R_2 = \omega L_2$ erkennt man folgendes: Bei konstanter Stromstärke J_2 (Gl. 9) ist das Drehmoment im allgemeinen um so größer, je größer R_2 ist. Bei konstanter Spannung K hingegen (Gl. 12) nimmt das Drehmoment mit R_2 nur zu, wenn w_2^2 so groß ist, daß es gegen R_2^2 nicht vernachlässigt werden kann. Kann es aber vernachlässigt werden, so geht die vorige Gleichung über in

$$D = \frac{p^2 K^2 y_1 y_2 M}{R_1 R_2} - \frac{p^2 K^2 y_1^2 w_2 v U M}{R_1^2 R_2^2} \quad \ldots \ldots (14a)$$

$$D = \frac{p^2 K^2 y_1 y_2 \varkappa}{\omega^2 \sqrt{L_1 L_2}} - \frac{p^2 K^2 y_1^2 w_2 \varkappa^2}{\omega^3 L_1 L_2} v \quad \ldots \ldots (14b)$$

In diesem Falle ist das Drehmoment um so größer, je kleiner L_2 ist. Das erklärt sich daraus, daß bei konstanter Spannung die Stromstärke J_2 um so größer ist, je kleiner L_2 ist. Es gibt also einen günstigsten Wert für die gesamte Selbstinduktion L_2 des Läuferkreises. Das erklärt sich daraus, daß J_2 möglichst groß und die Phasen-

---

*) Nebenbei sei darauf hingewiesen, daß aus Gl. 6 und 10 folgt: $J_1 = \frac{y_1 K}{R_1} = \frac{K_1}{R_1}$, also das Ohmsche Gesetz für den Ständerstrom; denn da wir w_1 vernachlässigt haben, ist R_1 der ganze Widerstand.

verschiebung zwischen J_2 und J_1 Null sein soll. Die erste Bedingung verlangt, daß $L_2 = 0$ ist, die zweite verlangt, daß beim Anlauf $\frac{L_2}{w_2} = \frac{L_1}{w_1}$ ist. Beim Betrieb ($v > 0$) ist die zweite Bedingung verwickelter. Sie ergibt sich aus vorstehenden Gleichungen nicht vollständig, weil w_1 vernachlässigt wurde. Jedenfalls darf L_2 nicht größer als $L_1 \frac{w_2}{w_1}$ sein[1]).

Wie man sieht, besteht das Drehmoment (Gl. 12 und 14) aus zwei Teilen. Der erste ist das Anlaufsdrehmoment, der zweite ein von der Rotationsspannung herrührendes und daher v proportionales Drehmoment. Dieses wirkt dem ersten, konstanten Teil entgegen, wenn v

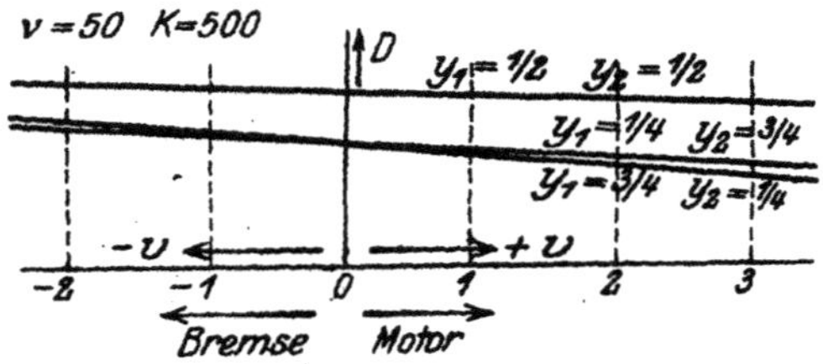

Abb. 61.

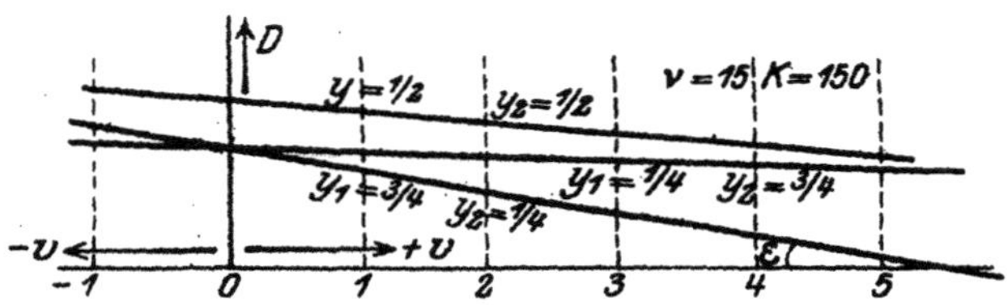

Abb. 62.

dieselbe Richtung hat wie der konstante Teil (Motorbetrieb), so daß das gesamte Drehmoment D mit der Geschwindigkeit abnimmt (Abb. 61, 62) und schließlich Null wird. Bei entgegengesetzter Drehrichtung (v negativ, Bremsbetrieb) addieren sich beide Teile, so daß D mit der Geschwindigkeit zunimmt.

Abb. 61 gilt für 50, Abb. 62 für 15 Perioden. Dementsprechend sind die induktiven Widerstände R_1, R_2, die gleich groß angenommen wurden, von 100 auf 30 verkleinert. Der Kupplungsfaktor $\varkappa$ wurde verhältnismäßig klein, nämlich 0,9 angenommen, weil nicht nur die Streufelder zwischen Läufer- und Erregerwicklung, sondern auch das Kompensationsfeld und die Drosselspule an der EMK der Rotation unbeteiligt sind, und daher nicht zu M, sondern nur zu L_2 gehören. Dann

[1]) Dabei ist zu bedenken, daß L_2 die gesamte Selbstinduktion der Läuferwicklung, der Kompensationswicklung und der Drosselspule D enthält. Bei vollständiger Kompensierung bestehen die beiden ersten nur aus der magnetischen Stauung im Luftzwischenraum zwischen beiden.

ist für Abb. 61 $U = \varkappa \sqrt{R_1 R_2} = 90$ und für Abb. 62 $U = 27$. Dagegen ist $M = \frac{U}{\omega} = \varkappa \sqrt{L_1 L_2}$ für beide Abbildungen dasselbe. Auch die Spannung K ist im Verhältnis der Periodenzahlen von 500 auf 150 verkleinert, damit die Magnetisierung in beiden Fällen dieselbe ist. Daher sind die Anlaufsdrehmomente ($v = 0$) in beiden Abbildungen gleich. Aus diesen ersieht man einerseits den Einfluß der Periodenzahl, andererseits den Einfluß der Aufteilung der Spannung K auf Ständer- und Läuferkreis gemäß den Verhältniszahlen y_1, y_2. Am größten ist das Drehmoment, wenn Ständer- und Läuferspannung gleich sind ($y_1 = y_2 = \frac{1}{2}$). Je größer die Ständerspannung gegen die Läuferspannung ist, desto stärker ist die Neigung der Drehmomentlinie gegen die v-Achse, d. h. um so größer ist die Abhängigkeit von der Drehzahl. Das ist durchaus kein Nachteil, sondern insbesondere beim Bremsbetrieb ein Vorteil. Denn wenn das Drehmoment beim Bremsbetrieb von der Drehzahl unabhängig ist, kann bei irgendeiner Drehzahl jede beliebige Stromstärke entstehen. Ein solcher Bremsbetrieb wäre also nicht stabil.

Die Bedingungen für das Nullwerden des Drehmomentes ist nach Gl. 12:

$$y_2 R_1 R_2 = y_1 w_2 v U, \quad \ldots \ldots \ldots \quad (15)$$

das ist bei der Geschwindigkeit

$$v = \frac{y_2 R_1 R_2}{y_1 w_2 U} = \frac{y_2 \omega \sqrt{L_1 L_2}}{y_1 w_2 \varkappa} \quad \ldots \ldots \ldots \quad (16)$$

Das Drehmoment wird also bei um so kleinerer Geschwindigkeit Null, je kleiner die Läuferspannung gegen die Ständerspannung, je kleiner die Frequenz, je kleiner die Selbstinduktionen und je größer der Ohmsche Widertand w_2 ist. Das Nullwerden des Drehmomentes hat, wie Gl. 7 lehrt, seinen physikalischen Grund darin, daß $\operatorname{tg} \psi = \infty$, also $\psi = 90^0$, und $\cos \psi = 0$ ist. Es ist klar, daß die kritische Geschwindigkeit v, bei der das Drehmoment Null wird, nur erreicht werden kann, wenn keinerlei Belastung, auch keine Reibung zu überwinden ist. Praktisch kann das also nur mit Hilfe eines besonderen Antriebsmotors, der die Reibung überwindet, erreicht werden. Soll die Geschwindigkeit noch weiter gesteigert werden, so muß der Antriebsmotor das Drehmoment, das jetzt negativ wird, überwinden. Die dazu aufgewendete mechanische Leistung wird in elektrische umgesetzt, also Strom ins Netz geliefert. Das entspricht der Wirkung einer Gleichstrom-Nebenschlußmaschine, die nach Überschreitung einer gewissen Geschwindigkeit als Stromerzeuger arbeitet. Bei der Wechselstrommaschine ist diese Art der Stromerzeugung zur Nutzbremsung nicht verwendbar, weil die kritische Geschwindigkeit zu hoch ist. Diese könnte nur durch Vergrößerung von w_2, also Einschaltung eines induktionslosen Widerstandes und Verkleinerung von y_2, also der Läuferspannung erniedrigt werden. Beides vermindert das Drehmoment, und die Vergrößerung von w_2 würde eine Vergrößerung der Stromwärme bewirken, so daß diese Bremsung mehr zu einer Verlustbremsung würde.

Dagegen gibt die Stromerzeugung mit **negativer** Drehrichtung schon bei kleiner Geschwindigkeit eine **wirksame Nutzbremsung**, weil das Drehmoment bei Stillstand groß ist. In dieser Hinsicht ist die Nebenschlußmaschine allen anderen Arten der Nutzbremsung überlegen. Die Stabilität des Bremsbetriebes ist, wie oben gesagt, um so größer, je mehr sich das Drehmoment mit der Geschwindigkeit ändert, d. h. je mehr die Drehmomentlinien gegen die v-Achse geneigt ist (Abb. 60, 61). Da Gl. 14 eine gerade Linie darstellt, so ist der Faktor von v als Tangens des Neigungswinkels ε ein Maß für die Stabilität des Bremsbetriebes, also

$$\operatorname{tg} \varepsilon = \frac{p^2 K^2 y_1^2 w_2 \varkappa^2}{\omega^3 L_1 L_2}.$$

Unter sonst gleichen Umständen ist also die Stabilität um so größer, je größer die Ständerspannung und der Widerstand w_2 und je kleiner die Frequenz und die Selbstinduktionen sind.

Aus Gl. 12 ersieht man auch den Einfluß, den die Spannungsverteilung durch Verschiebung des Kontaktes g (Abb. 59) auf das Drehmoment hat. Je kleiner y_1 wird, das heißt je weiter der Kontakt nach rechts geschoben wird, desto kleiner wird das Drehmoment. Für $y_1 = 0$ ist es Null. Wird y_2 verkleinert, also der Kontakt nach links geschoben, so gibt es eine Stellung, bei der das Drehmoment Null wird. Nach Gl. 16 ist dies bei

$$y_2 = \frac{y_1 w_2 \varkappa v}{\omega \sqrt{L_1 L_2}}.$$

Wird bei rotierendem Läufer der Kontakt noch weiter nach links geschoben, so wird das Drehmoment negativ. Für $y_2 = 0$ ist das Drehmoment **nicht** Null. In diesem Falle ist der Läuferkreis in sich geschlossen und dadurch ist der Motor zu einem Induktionsmotor geworden und läuft als solcher in der Drehrichtung, die er unmittelbar vorher hatte, also in negativer. Praktisch hat das aber keine Bedeutung, weil dieses Drehmoment viel zu klein ist.

Ist der Transformator T derart vorgesehen, daß für den Anlauf durch Verschiebung der Kontakte f und h sowohl y_2 als auch y_1, also die gesamte Spannung K über den normalen Wert vergrößert werden kann, so läßt sich auch das für den Bahnbetrieb erforderliche große Anlaufsdrehmoment erzielen, weil es dem Produkte $y_1 y_2$ proportional ist.

Gleichstrom-Selbsterregung wie bei den Reihenmotoren (S. 67) kommt hier nicht zustande, weil ein im Läufer etwa entstehender Gleichstrom über die Transformatorabteilung fg kurzgeschlossen ist und nicht in die Erregerwicklung gelangt.

28. Der Leistungsfaktor.

Von Wichtigkeit ist die Phasenverschiebung φ_2 des Läuferstromes J_2 gegen die Gesamtspannung. Nach den obigen Funktionsgleichungen ist $+\varphi_2$ eine Nacheilung, $-\varphi_2$ eine Voreilung dieses Stromes. Aus Gl. 11 folgt:

Für $v = 0$ (Stillstand) ist $\operatorname{tg} \varphi_2 = \frac{R_2}{w_2}$, wie nicht anders zu erwarten war. Ist v positiv, das heißt, dreht sich der Läufer im Sinne des Drehmomentes (Motorbetrieb), so ist die nacheilende Phasenverschiebung um so kleiner, je größer $y_1 w_2 v U$ gegen $y_2 R_1 R_2$ ist. Unter sonst gleichen Umständen nimmt also φ_2 mit wachsender Geschwindigkeit ab; der Vektor J_2 in Abb. 60 dreht sich im Sinne des Uhrzeigers. φ_2 wird Null für

$$v = \frac{y_2 R_1 R_2}{y_1 w_2 U} = \frac{y_2 \omega \sqrt{L_1 L_2}}{y_1 w_2 \varkappa}.$$

Das ist dieselbe kritische Geschwindigkeit, bei der das Drehmoment Null wird (Gl. 16*)). Bei größerer Geschwindigkeit wird φ_2 negativ, weil, wie wir oben gesehen haben, die Maschine jetzt als Stromerzeuger arbeitet.

Für den Bremsbetrieb mit negativer Drehrichtung geht Gl. 11 über in

$$\operatorname{tg} \varphi_2 = \frac{y_2 R_1 R_2 + y_1 w_2 v U}{y_2 w_2 R_1 - y_1 R_2 v U}.$$

Hieraus ersieht man, daß die nacheilende Phasenverschiebung um so kleiner ist, je kleiner der induktive Widerstand R_2 des ganzen Läuferkreises ist, denn der Zähler wird kleiner und der Nenner größer. Dieser induktive Widerstand ist also hier schädlich. Ist er so groß, daß der Nenner Null wird, so wird $\varphi_2 = 90^0$. Wird er noch größer, so wird der Nenner von $\operatorname{tg} \varphi_2$ negativ, das heißt, φ_2 wird größer als 90^0. Wegen der EMK der Rotation, die jetzt entgegengesetzte Richtung hat wie beim Motorbetrieb, ist das möglich.

Während es also hinsichtlich des Drehmomentes eine günstigste Selbstinduktion für den Läuferstromkreis gibt (S. 73), so daß allenfalls die Zufügung einer Drosselspule D zweckmäßig ist, ist diese für den Leistungsfaktor schädlich[1]).

Es ist zu beachten, daß φ_2 nicht die Phasenverschiebung des Ge-

---

*) Die Phasenverschiebung ψ zwischen den beiden Strömen (Gl. 7) wird gleichzeitig 90^0. Das ist auch der Grund, warum das Drehmoment Null wird. Diese Bedingungsgleichung wäre verwickelter, wenn wir w_1 nicht gleich Null gesetzt hätten.

[1]) Daher der verhältnismäßig niedrige Leistungsfaktor 0,53, der sich bei Versuchsfahrten ergeben hat, über die in der Schweiz. Bauzeitung Bd. 74 (1919), S. 84 berichtet wurde.

samtstromes ist, denn es kommt noch der Ständerstrom J_1 mit der Phasenverschiebung $\operatorname{tg} \varphi_1 = \frac{\omega L_1}{w_1}$ hinzu. Der Gesamtstrom J und seine Phasenverschiebung φ ergibt sich nach den Gesetzen über die Parallelschaltungen zweier Stromzweige aus

$$J = \sqrt{J_1^2 + J_2^2 + 2 J_1 J_2 \cos(\varphi_2 - \varphi_1)},$$

$$J \cos \varphi = J_1 \cos \varphi_1 + J_2 \cos \varphi_2.$$

Wegen der Hysterese des Eisens und wegen des Umstandes, daß k_1, k_2 und k nicht gleiche Phase haben, ergeben sich Abweichungen von den theoretischen Werten des Drehmomentes und der Phasenverschiebung; die wesentlichen Eigenschaften aber bleiben bestehen.

IV. Repulsionsmotoren.

29. Die Arbeitsweise.

Bei diesen Motoren wird dem Läufer kein Strom zugeführt, sondern nur dem Ständer. Das von diesem erzeugte Feld induziert in der Läuferwicklung, die über ein Bürstenpaar (Abb. 63) oder über zwei Bürstenpaare (Abb. 80) kurzgeschlossen ist, sekundäre Ströme. Diese Motoren gehören also zur Gattung der Induktionsmotoren. Zur bequemeren Unterscheidung bezeichnet man sie gemäß der Entstehung ihres Drehmomentes als Repulsionsmotoren und beschränkt den Namen Induktionsmotoren auf die im V. Abschnitt behandelten kommutatorlosen Induktionsmotoren.

Die Arbeitsweise ist folgende: Schaltet man den Motor ein, während das kurzgeschlossene Bürstenpaar AB (Abb. 63) senkrecht zur magnetischen Achse des Triebfeldes, also in der neutralen Linie steht, so gibt es kein Drehmoment. Dreht man das Bürstenpaar in eine andere Stellung mit dem Winkel ϑ gegen die magnetische Achse, so dreht sich der Läufer in entgegengesetzter Richtung als die Bürsten aus der neutralen Linie heraus gedreht wurden. Die Größe des Drehmomentes ist vom Bürstenstellungswinkel ϑ abhängig, und zwar ist es bei gewöhnlichen Motoren am größten, wenn er zwischen 5^0 und 20^0 liegt. Bei welchem Winkel innerhalb dieser Grenzen es am größten ist, das hängt von der magnetischen Streuung, vom Verhältnis des Ohmschen Widerstandes zum induktiven des Läufers und von der Drehgeschwindigkeit ab. Ist $\vartheta = 0$, d. h. stehen die Bürsten in der magnetischen Achse, so ist das Drehmoment null, trotzdem der Läuferstrom jetzt am größten ist. Werden die Bürsten in die neutrale Linie zurück und darüber hinaus nach der anderen Seite gedreht, so kehrt sich die Drehrichtung um, wenn der Läufer sich selbst überlassen ist. Durch Verschiebung der Bürsten kann die Geschwindigkeit des Läufers in sehr weiten Grenzen verändert werden.

30. Der Repulsionsmotor bei Stillstand (Anlauf).

Vor allem muß Klarheit darüber geschaffen werden, wie überhaupt das Drehmoment beim Repulsionsmotor zustande kommt[1]). In den folgenden Abbildungen sind Ringläufer gezeichnet, weil sie übersichtlicher sind als Trommelläufer; es gilt aber für diese genau dasselbe.

Bei Stillstand ist die EMK der Rotation null; der Motor ist ein reiner Transformator mit kurzgeschlossener sekundärer Wicklung. Abb. 63 zeigt die durch gegenseitige Induktion induzierten EMKe in den einzelnen Windungen oder Spulen des Läufers (EMK der Transformation § 2). Durch die Bürsten *A B* wird die Läuferwicklung in zwei Hälften geteilt. Das hat zur Folge, daß sich die zwischen *A* und *G*, also die innerhalb dem doppelten Winkel ϑ befindlichen EMKe gegenseitig aufheben; ebenso auf der anderen Seite die zwischen *B* und *F*. Dagegen addieren sich in der oberen Wicklungshälfte die zwischen *A* und *F* liegenden EMKe; ebenso in der unteren Hälfte die zwischen *B* und *G*. Daraus entsteht in jeder Hälfte ein Strom über die kurzgeschlossenen Bürsten. Die beiden Ströme vereinigen sich in der Bürstenverbindung zum transformatorischen Strom i_{2t}. In jeder Wicklungshälfte fließt also der Strom $\frac{i_{2t}}{2}$. Die Richtung dieser Ströme ergibt sich aus dem Gesetz, daß der primäre und sekundäre Strom eines kurzgeschlossenen Transformators nahezu entgegengesetzte Richtung haben. Hat also der primäre Strom i_1 in einem bestimmten Augenblick die eingezeichnete Richtung (von unten nach

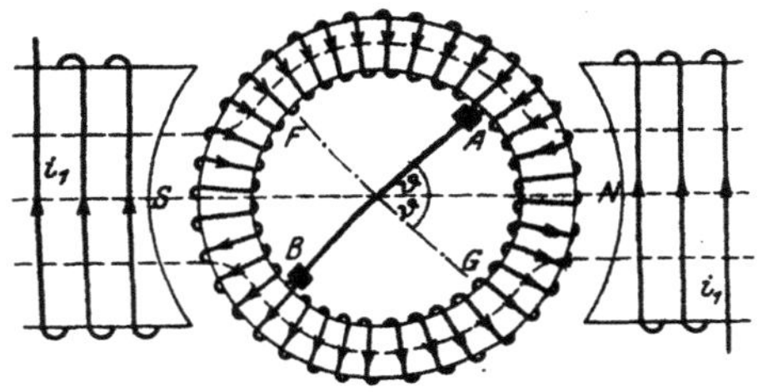

Abb. 63. Die Pfeile bezeichnen die bei Stillstand allein entstehenden EMKe der Transformation.

[1]) Darüber herrscht vielfach Unklarheit. Gewöhnlich heißt es einfach, die Läuferwicklung als sekundärer Stromkreis wird von der Ständerwicklung abgestoßen. Wenn das ausreichend wäre, um ein Drehmoment zu begründen, so müßten die im V. Abschnitt behandelten Induktionsmotoren auch ein Drehmoment bei Stillstand haben, denn auch dort wird die Läuferwicklung von der Ständerwicklung abgestoßen. Eine andere Ansicht geht dahin, daß das Drehmoment auf einer Drehfeldbildung beruht, weil das gesamte Läuferfeld $\mathfrak{Z}_2$ eine beträchtliche Phasenverschiebung gegen das Ständerfeld $\mathfrak{Z}_{1f}$ hat (vgl. Abb. 66). Auch diese Begründung ist unrichtig, denn zu einem Drehfeld, das ein Drehmoment ausüben kann, gehören zwei Felder mit zeitlicher und räumlicher Phasenverschiebung, die vom Ständer ausgehen. Das Feld $\mathfrak{Z}_2$ geht aber vom Läufer aus. Daher verläuft auch das Drehmoment ganz anders als bei einem Drehfeldmotor. Bei einem solchen ist das Drehmoment im Synchronismus null, während der Repulsionsmotor im Synchronismus ein sehr beträchtliches Drehmoment haben kann (vgl. Abb. 73). Bei einem Drehfeldmotor erreicht es mit abnehmender Drehzahl ein Maximum und nähert sich bei negativer Drehzahl asymptotisch dem Werte Null, während es beim Repulsionsmotor immer weiter ansteigt.

oben), die nach der Ampèreschen Regel im rechten Ständereisen einen N-Pol, im linken einen S-Pol erzeugt, so müssen die induzierten EMKe in beiden Wicklungshälften der Abb. 63 mit Pfeilen von oben nach unten versehen werden. Dementsprechend ist der Verlauf des Läuferstromes, der aus den EMKen zwischen A und F, sowie zwischen B und G entsteht, in Abb. 64 eingezeichnet[1]). Wo sich die beiden Ströme in den Bürsten vereinigen, entstehen nach der Ampèreschen Regel im Läufer die magnetischen Pole n, s. Diese liegen den gleichnamigen Ständerpolen (N bzw. S) näher als den ungleichnamigen. Die abstoßende Kraft zwischen N und n überwiegt also die anziehende Kraft zwischen S und n. Der Name Repulsions- (Abstoßungs-) Motor bezeichnet daher zutreffend die Wirkungsweise.

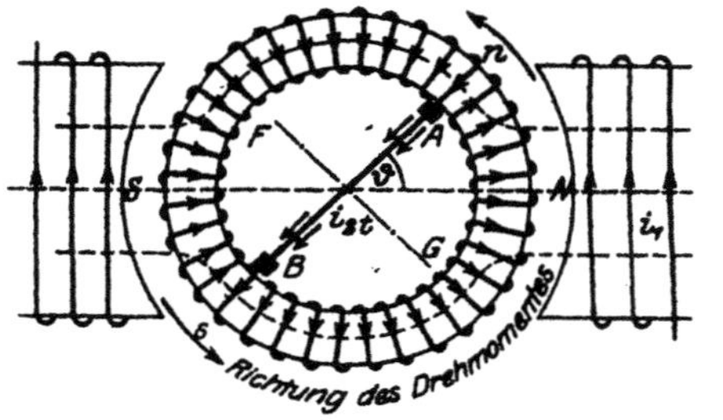

Abb. 64. Die Pfeile bezeichnen den Strom, der bei Stillstand aus den EMKen der Transformation entsteht.

Wir verfolgen nun das Drehmoment, wenn die Bürsten verschoben werden (natürlich immer so, daß sie sich bei zweipoligen Motoren gegenüberstehen, bei mehrpoligen Motoren an den entsprechenden Stellen). Stehen die Bürsten in der magnetischen Achse NS ($\vartheta = 0$), so addieren sich in jeder Läuferhälfte die EMKe sämtlicher Windungen. Der Läuferstrom i_{2t} ist daher bei dieser Stellung am stärksten. Trotzdem ist das Drehmoment null, weil alle magnetischen Pole $nNsS$ in einer durch die Achse gehenden geraden Linie liegen. Stehen die Bürsten senkrecht zur magnetischen Achse ($\vartheta = 90^0$), also in der neutralen Linie, so ersieht man aus Abb. 63, daß sich nun in jeder Läuferhälfte (rechts und links von den Bürsten) die EMKe aller Windungen gegenseitig aufheben, so daß der Läufer stromlos ist[2]). Natürlich ist

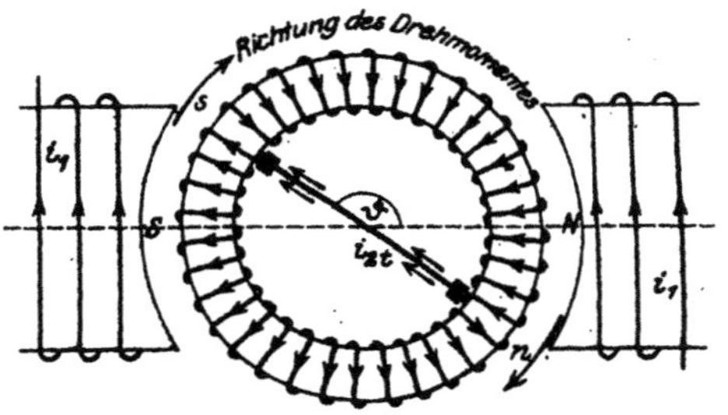

Abb. 65.

[1]) In den Windungen zwischen A und G hat also der Strom zum Teil entgegengesetzte Richtung wie die EMKe, die sich hier gegenseitig aufheben.

[2]) Daher sollen die Bürsten vor dem Anlassen in dieser Stellung stehen Der Motor nimmt dann beim Einschalten nicht mehr Strom auf wie eine gleichartige Drosselspule. Das Anlassen nach rechts oder links erfolgt dann durch Verschiebung der Bürsten nach links bzw. nach rechts.

jetzt auch das Drehmoment Null. Werden die Bürsten von der neutralen Linie aus nach links verschoben, so zeigt Abb. 65 die der Ampèreschen Regel entsprechenden Läuferpole *n*, *s*. Die Richtung des Drehmomentes ist also jetzt entgegengesetzt der vorigen.

Das Vorstehende kommt auch in dem allgemeinen Ausdruck für das Drehmoment (Gl. 59) zum Ausdruck. Denmach ist es dem $\sin\vartheta$ und dem $\cos\psi$ proportional. ψ ist der Phasenwinkel zwischen dem Läuferstrom J_2, der die Läuferpole *n s* erzeugt, und dem Triebfeld $\mathfrak{Z}_{1f}$, das die Ständerpole *NS* erzeugt. Da dieses Feld nur vom Ständerstrom J_1 abhängt, hat es gleiche Phase wie dieser, so daß ψ auch der Phasenwinkel zwischen J_1 und J_2 ist. Da der stillstehende Motor ein Transformator ist, so ist $\psi = \chi = 90^0 + \gamma$, wobei $\operatorname{tg}\gamma = \frac{\omega L_2}{w_2}$ ist[1]). γ liegt also zwischen 0^0 und 90^0, und infolgedessen ψ zwischen 90^0 und 180^0. Da $\cos\psi = -\sin\gamma$, so geht Gl. 59 über in

$$D = -\frac{\sqrt{2}}{2}\, p^2 f_2 N_2 J_2 \mathfrak{Z}_{1f} \sin\vartheta \sin\gamma \quad . \; . \; . \; . \; . \; . \; (1)$$

Das negative Vorzeichen bringt zum Ausdruck, daß das Drehmoment auf Abstoßung beruht, im Gegensatz zu den Reihen- und Nebenschlußmotoren, wo es auf Anziehung beruht. Wir haben hier den Beweis für das auf S. 9 über das Vorzeichen der EMK der Rotation Gesagte.

Das Drehmoment wird null, wenn $J_2 = 0$ oder wenn $\vartheta = 0$ oder wenn $\gamma = 0$ ist. Das erste tritt ein, wenn die Bürsten bei Stillstand[2]) senkrecht zur magnetischen Achse stehen; das zweite tritt ein, wenn die Bürsten in der magnetischen Achse stehen; das dritte tritt ein, wenn der induktive Widerstand des Läufers, also die Selbstinduktion L_2 oder die Frequenz ω des dem Motor zugeführten Stromes null ist, oder wenn der Ohmsche Widerstand w_2 unendlich groß ist[3]). Denn dann ist $\gamma = 0$, also der Phasenwinkel ψ zwischen Läuferstrom und Triebfeld gleich 90^0.

Da der Repulsionsmotor bei Stillstand ein kurzgeschlossener Transformator ist, so gilt dafür das Feld- und Spannungsdiagramm eines solchen nur mit dem Größenunterschied, daß sich wegen der Schrägstellung der Bürsten nicht das ganze Läuferfeld $\mathfrak{Z}_{2f}$, sondern nur die Komponente $\mathfrak{Z}_{2f}\cos\vartheta$ zum Ständerfeld addiert, und daß sich nicht das ganze Ständerfeld $\mathfrak{Z}_{1f}$, sondern nur die Komponente $\mathfrak{Z}_{1f}\cos\vartheta$ zum Bürstenfeld addiert, wie es schon auf S. 6 für die Augenblickswerte

---

1) Vgl. auch S. 85.

2) Wenn der Läufer sich dreht, ist die Stromstärke nicht bei senkrechter Bürstenstellung null, sondern bei etwas abweichender Stellung. Vgl. S. 86.

3) Ist der Widerstand einer Wicklungshälfte w_p, so ist der der parallel geschalteten Hälften $\frac{w_p}{2}$. Damit in Reihenschaltung befindet sich der Widerstand der Bürsten und ihrer Verbindung w_v, so daß $w_2 = \frac{w_p}{2} + w_v$. In gleicher Weise setzt sich die Selbstinduktion L_2 zusammen.

zum Ausdruck gekommen ist. Gehen wir zu den Scheitelwerten über, so ist die algebraische Addition durch die geometrische Addition (Bildung der Resultierenden) zu ersetzen, wie es in Abb. 66 durchgeführt ist. Die Resultierende aus $\mathfrak{Z}_{1s}$, $\mathfrak{Z}_{1f}$ und $\mathfrak{Z}_{2f}\cos\vartheta$ ergibt gemäß Gl. 1 (S. 6)

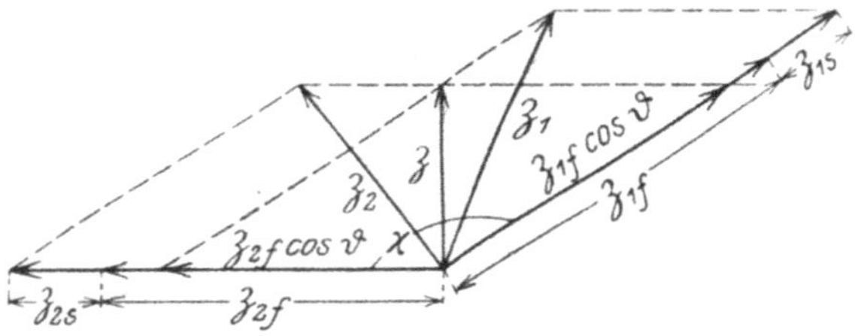

Abb. 66.

den Scheitelwert des gesamten, wirklich vorhandenen Ständerfeldes $\mathfrak{Z}_1$, d. h. jene Kraftlinienmenge, die mit der Ständerwicklung verkettet ist. Die Resultierende aus $\mathfrak{Z}_{2s}$, $\mathfrak{Z}_{2f}$ und $\mathfrak{Z}_{1f}\cos\vartheta$ ergibt gemäß Gl. 2 den Scheitelwert des gesamten wirklich vorhandenen Läuferfeldes $\mathfrak{Z}_2$.

Die Scheitelwerte der Streufelder sind

$$\mathfrak{Z}_{1s} = \frac{4\pi\,\mathfrak{J}_1\,N_1}{\mathfrak{w}_{1s}}, \qquad \mathfrak{Z}_{2s} = \frac{4\pi\,\mathfrak{J}_2\,N_2}{\mathfrak{w}_{2s}}.$$

Die Scheitelwerte der wirksamen Felder sind

$$\mathfrak{Z}_{1f} = \frac{4\pi\,\mathfrak{J}_1\,N_1}{\mathfrak{w}}, \qquad \mathfrak{Z}_{2f} = \frac{4\pi\,\mathfrak{J}_2\,N_2}{\mathfrak{w}}.$$

Jedes dieser Felder hat dieselbe Phase wie der Strom, von dem es erzeugt wird. Da der stillstehende Motor ein gewöhnlicher Transformator ist, liegt die Phasenverschiebung χ des sekundären gegen den primären Strom zwischen 90^0 und 180^0.

Aus diesem Felddiagramm ergibt sich das Diagramm der EMKe bei Stillstand, weil jedes Feld eine um 90^0 nacheilende EMK der Transformation erzeugt.

31. Der Repulsionsmotor im Betrieb.

Wenn sich der Läufer dreht, so entsteht in ihm auch noch die EMK der Rotation. Es gelten dann nach § 2 folgende Spannungsgleichungen für die Augenblickswerte:

$$k_1 = w_1 i_1 + L_1 \frac{di_1}{dt} + M\cos\vartheta\,\frac{di_2}{dt}, \quad \ldots\ldots \quad (2)$$

wenn k_1 die Klemmenspannung am Ständer bedeutet.

Die Läuferwicklung ist über die Bürsten kurzgeschlossen; also ist $k_2 = 0$; somit

$$0 = w_2 i_2 + L_2 \frac{di_2}{dt} + M \cos\vartheta \frac{di_1}{dt} - i_1 v \omega M \sin\vartheta \quad . \; . \; . \; (3)$$

Diese Gleichung unterscheidet sich von der eines gewöhnlichen, kurzgeschlossenen Transformators dadurch, daß die EMK der Rotation $e_{2r} = + i_1 v \omega M \sin\vartheta$ hinzugekommen ist (Gl. 22 auf S. 9).

Ist der Ständerstrom von der Form

$$i_1 = \mathfrak{J}_1 \sin \omega t,$$

so ist der Läuferstrom

$$i_2 = \mathfrak{J}_2 \sin(\omega t - \psi).$$

Setzt man diese Funktionen in Gl. 3 ein, so ist

$$0 = w_2 \mathfrak{J}_2 \sin(\omega t - \psi) + \omega L_2 \mathfrak{J}_2 \cos(\omega t - \psi) + \omega M \cos\vartheta \mathfrak{J}_1 \cos \omega t$$
$$- v \omega M \sin\vartheta \mathfrak{J}_1 \sin \omega t.$$

Da diese Gleichung für jeden beliebigen Wert des Argumentes ωt gelten muß, so gilt sie auch für $\omega t = 0$ und für $\omega t = 90^0$. Setzt man den ersten Wert ein, so erhält man

$$- w_2 \mathfrak{J}_2 \sin\psi + \omega L_2 \mathfrak{J}_2 \cos\psi = - \omega M \cos\vartheta \mathfrak{J}_1 \quad . \; . \; . \; (\mathrm{I})$$

Setzt man $\omega t = 90$, so erhält man

$$w_2 \mathfrak{J}_2 \cos\psi + \omega L_2 \mathfrak{J}_2 \sin\psi = v \omega M \sin\vartheta \mathfrak{J}_1 \quad . \; . \; . \; (\mathrm{II})$$

Quadriert und addiert man diese beiden Gleichungen, so ergibt sich

$$\mathfrak{J}_2^2 = \mathfrak{J}_1^2 \frac{\omega^2 M^2 (\cos^2\vartheta + v^2 \sin^2\vartheta)}{w_2^2 + (\omega L_2)^2}.$$

Dividiert man durch den Scheitelfaktor, so erhält man dieselbe Gleichung für die effektiven Werte J_1, J_2. Setzt man

$$M = \varkappa \sqrt{L_1 L_2}$$

ein, wobei $\varkappa$ den magnetischen Kupplungsfaktor bedeutet (S. 2), so ist

$$J_2^2 = J_1^2 \frac{\varkappa^2 \omega^2 L_1 L_2 (\cos^2\vartheta + v^2 \sin^2\vartheta)}{w_2^2 + (\omega L_2)^2} \quad . \; . \; . \; . \; . \; (4)$$

Nach § 4 ist die EMK der Transformation, die durch das Triebfeld $\mathfrak{Z}_{1f}$ bzw. durch den Strom J_1 in der Läuferwicklung induziert wird:

$$E_{2t} = \omega M J_1 \cos\vartheta = \varkappa \omega \sqrt{L_1 L_2} J_1 \cos\vartheta .$$

und die EMK der Rotation:

$$E_{2r} = v \omega M J_1 \sin\vartheta = v \varkappa \omega \sqrt{L_1 L_2} J_1 \sin\vartheta$$

Dann folgt aus der obigen Gleichung

$$J_2^2 = \frac{E_{2t}^2 + E_{2r}^2}{w_2^2 + (\omega L_2)^2} \qquad (5)$$

Der Nenner ist nichts anderes als das Quadrat des scheinbaren Widerstandes der Läuferwicklung. Somit kann man setzen:

$$\frac{E_{2t}}{\sqrt{w_2^2 + (\omega L_2)^2}} = J_{2t}, \qquad (6)$$

das ist der von der EMK der Transformation erzeugte Strom; und

$$\frac{E_{2r}}{\sqrt{w_2^2 + (\omega L_2)^2}} = J_{2r}, \qquad (7)$$

das ist der von der EMK der Rotation erzeugte Strom. Dann ist

$$J_2^2 = J_{2t}^2 + J_{2r}^2, \qquad (8)$$

so daß die beiden Ströme als rechtwinklige Komponenten des Läuferstromes J_2 erscheinen (Abb. 67). Aus den Gleichungen 6 und 7 folgt ferner, daß beide Komponenten dieselbe Phasenverschiebung gegen ihre EMK haben, nämlich

$$\frac{\omega L_2}{w_2} = \operatorname{tg} \alpha . \qquad (9)$$

Mit Berücksichtigung dessen ergibt sich Abb. 67 aus Abb. 14.

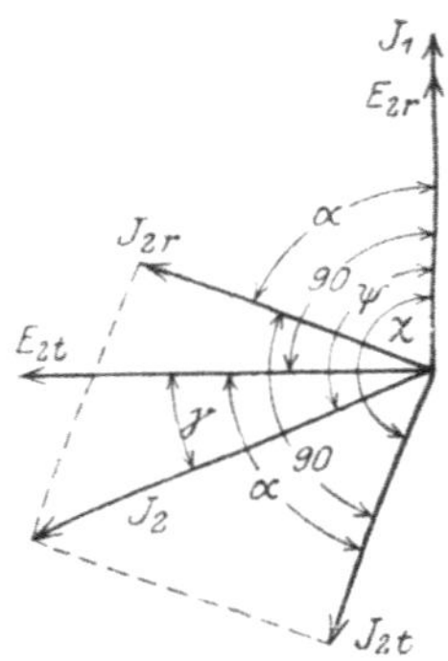

Abb. 67.

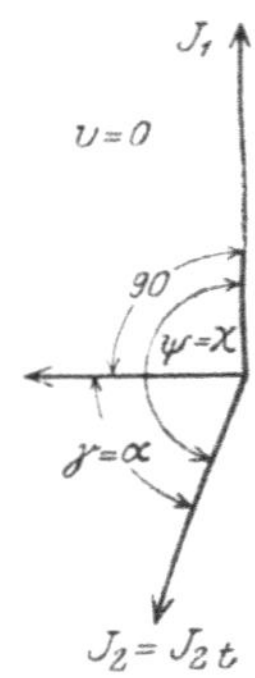

Abb. 68.

Für die Phasenverschiebung ψ des gesamten Läuferstromes J_2 gegen den Ständerstrom J_1 erhält man, wenn man $\omega M \mathfrak{J}_1$ aus Gl. I und II eliminiert:

$$\operatorname{tg} \psi = -\frac{w_2 \cos \vartheta + v\, \omega L_2 \sin \vartheta}{\omega L_2 \cos \vartheta - v\, w_2 \sin \vartheta}. \qquad (10)$$

Beim Stillstand ($v = 0$) ist dieser Ausdruck negativ. Um einen positiven Wert wie beim Transformator zu erhalten, setzen wir den reziproken positiven Wert gleich dem Tangens eines Winkels γ, also

$$\operatorname{tg} \gamma = \frac{\omega L_2 \cos \vartheta - v\, w_2 \sin \vartheta}{w_2 \cos \vartheta + v\, \omega L_2 \sin \vartheta}. \qquad (11)$$

Dann ist

$$\operatorname{tg} \psi = -\frac{1}{\operatorname{tg} \gamma} = -\operatorname{cotg} \gamma = \operatorname{tg}(90 + \gamma),$$

so daß also

$$\psi = 90 + \gamma \quad \ldots \ldots \ldots \ldots \quad (12)$$

Wir bringen nun diese Ausdrücke zur Erörterung.

Bei $v = 0$ (Stillstand) wird $E_{2r} = 0$ und

$$J_2 = \frac{J_1 \varkappa \omega \sqrt{L_1 L_2} \cos \vartheta}{\sqrt{w_2^2 + (\omega L_2)^2}} = J_{2t} \quad \ldots \ldots \quad (13)$$

und $\operatorname{tg} \gamma = \frac{\omega L_2}{w_2} = \operatorname{tg} \alpha$.

Die Phasenverschiebung ψ bezeichnen wir für diesen besonderen Fall mit χ, so daß

$$\chi = 90 + \alpha \quad \text{(vgl. Abb. 68).}$$

Das sind dieselben Ausdrücke wie beim gewöhnlichen Transformator mit ruhender Wicklung[1]), nur daß der Strom entsprechend der Bürstenstellung mit $\cos \vartheta$ multipliziert erscheint, weil bei schräger Bürstenstelstellung nur die cos-Komponente der transformatorischen EMK zur Geltung kommt. Der Winkel α bleibt von der Bürstenstellung unberührt, denn er hängt nur vom Verhältnis des induktiven zum Ohmschen Widerstand ab, und das ist für jede einzelne Windung dasselbe. Die Phasenverschiebung $90 + \alpha$ erklärt sich daraus, daß E_{2t} gegen J_1 um 90^0 und J_{2t} gegen E_{2t} um α verspätet ist (Abb. 68).

Bei $v = 1$ (Synchronismus) geht Gl. 4 und 11 über in

$$J_2 = \frac{J_1 \varkappa \omega \sqrt{L_1 L_2}}{\sqrt{w_2^2 + (\omega L_2)^2}}, \quad \ldots \ldots \ldots \quad (14)$$

$$\operatorname{tg} \gamma = \frac{\omega L_2 \cos \vartheta - w_2 \sin \vartheta}{w_2 \cos \vartheta + \omega L_2 \sin \vartheta}.$$

Mit wachsender Geschwindigkeit wächst J_2', während γ und damit auch ψ abnimmt (Gl. 4 und 11). Für $\omega L_2 \cos \vartheta = v w_2 \sin \vartheta$, d. h. für $v = \frac{\omega L_2}{w_2} \operatorname{cotg} \vartheta$ wird $\gamma = 0$ und $\psi = 90$. Wächst die Geschwindigkeit noch weiter, so wird γ negativ und daher ψ kleiner als 90^0. Der äußerste Grenzwert (für $v = \infty$) ist $\operatorname{tg} \gamma = -1$, $\gamma = -45^0$, $\psi = 45^0$.

Bei $\vartheta = 0$ (Kurzschlußstellung) wird

$$J_2 = \frac{J_1 \varkappa \omega \sqrt{L_1 L_2}}{\sqrt{w_2^2 + (\omega L_2)^2}} = \frac{E_{2t}}{\sqrt{w_2^2 + (\omega L_2)^2}} = J_{2t}.$$

Die Phasenverschiebung wird

$$\operatorname{tg} \gamma = \frac{\omega L_2}{w_2} = \operatorname{tg} \alpha \quad \text{und daher} \quad \psi = 90 + \alpha = \chi.$$

[1]) Benischke, „Wiss. Grundlagen d. Elektrot.“ § 151.

Das sind dieselben Werte wie bei einem kurzgeschlossenen Transformator, was sich daraus erklärt, daß bei dieser Bürstenstellung die EMK der Rotation und das Drehmoment null ist, auch wenn der Läufer von einer äußeren Kraft gedreht wird.[1])

Für $\vartheta = 90^0$ (Bürsten in der neutralen Linie, bei rotierendem Läufer) wird

$$J_2 = \frac{J_1 v \varkappa \, \omega \sqrt{L_1 L_2}}{\sqrt{w_2^2 + (\omega L_2)^2}} = \frac{E_{2r}}{\sqrt{w_2^2 + (\omega L_2)^2}} = J_{2r},$$

$$\operatorname{tg} \gamma = -\frac{w_2}{\omega L_2}, \qquad \operatorname{tg} \psi = \frac{\omega L_2}{w_2} = \operatorname{tg} \alpha .$$

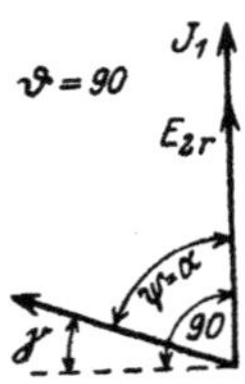

Abb. 69.

Jetzt besteht also nur der von der Rotation herrührende Strom, weil die EMK der Transformation bei dieser Bürstenstellung null ist. Daher ist auch $\psi = \alpha$ (Abb. 69). Die Beziehung $\psi = 90 + \gamma$ gilt natürlich auch da; weil aber γ negativ ist, ist ψ kleiner als 90^0 und gleich $\alpha = 90 + (-\gamma)$.

32. Das Drehmoment.

Weil $\psi = 90 + \gamma$, ist $\cos \psi = -\sin \gamma$. Daher folgt aus der allgemeinen Gleichung 62 (S. 23):

$$D = -p^2 \varkappa \sqrt{L_1 L_2} J_1 J_2 \sin \vartheta \sin \gamma \quad \ldots \ldots \ldots \quad (15)$$

als Drehmoment des Repulsionsmotors. In dieser Form ist aber die Abhängigkeit von den Betriebsgrößen nicht erkennbar, sondern wir müssen die Werte für J_2 und γ einsetzen. Weil nach einer bekannten Formel $\sin \gamma = \frac{\operatorname{tg} \gamma}{\sqrt{1 + \operatorname{tg}^2 \gamma}}$ ist, so folgt aus Gl. 11

$$\sin \gamma = \frac{\omega L_2 \cos \vartheta - v w_2 \sin \vartheta}{\sqrt{w_2^2 + (\omega L)^2} \sqrt{\cos^2 \vartheta + v^2 \sin^2 \vartheta}} .$$

Setzt man dies und J_2 aus Gl. 4 oben ein, so erhält man

$$D = -p^2 \varkappa^2 L_1 L_2 J_1^2 \frac{\omega (\omega L_2 \cos \vartheta - v w_2 \sin \vartheta) \sin \vartheta}{w_2^2 + (\omega L_2)^2} \quad . \; . \; (16)$$

---

1) Ist w_2 verschwindend klein gegen ωL_2, so ist

$$J_2 = J_1 \varkappa \sqrt{\frac{L_1}{L_2}}, \qquad \alpha = 90, \qquad \chi = 180 .$$

Ist außerdem $\mathfrak{w}_1 = \mathfrak{w}_2$, so ist $J_2 = J_1 \varkappa \frac{N_1}{N_2}$

oder $$J_2 N_2 = \varkappa J_1 N_1,$$

d. h. die Amperewindungen des Ständers und Läufers unterscheiden sich in diesem Falle nur durch den Kupplungsfaktor $\varkappa$, wie beim gewöhnlichen Transformator.

Hieraus ersieht man die Abhängigkeit vom Ständerstrom. Für die gewöhnliche Anwendung dieser Motoren brauchen wir die Abhängigkeit von der Klemmenspannung. Zu diesem Zweck muß vorerst die Abhängigkeit des Ständerstromse von dieser Spannung gesucht werden.

Eliminiert man aus Gl. 2 und 3 alle Glieder, die i_2 und die Differentialquotienten davon enthalten, und setzt dann die Funktionen

$$k = \mathfrak{K} \sin \omega t$$

$$i_1 = \mathfrak{J}_1 \sin (\omega t - \varphi_1)$$

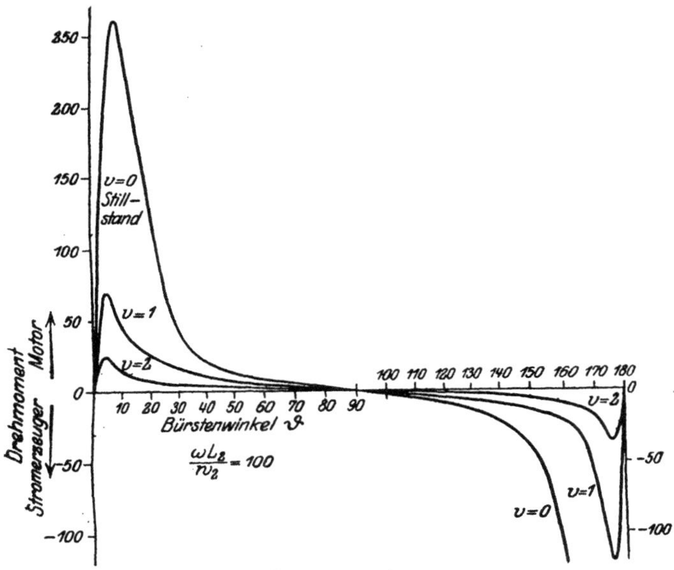

Abb. 70.

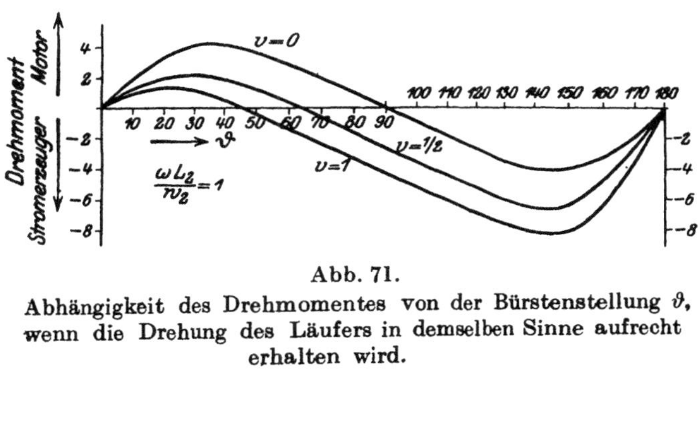

Abb. 71.

Abhängigkeit des Drehmomentes von der Bürstenstellung ϑ, wenn die Drehung des Läufers in demselben Sinne aufrecht erhalten wird.

ein, so lassen sich schließlich J_1 und φ_1 in gleicher Weise wie beim Transformator[1]) auf die Form bringen

$$J_1 = \frac{K_1}{\sqrt{\varrho^2 + (\omega\lambda)^2}} \quad \ldots\ldots\ldots \quad (17)$$

$$\operatorname{tg}\varphi_1 = \frac{\omega\lambda}{\varrho} \quad \ldots\ldots\ldots \quad (18)$$

Hier steht ϱ an Stelle des Ohmschen Widerstandes und λ an Stelle der Selbstinduktion im Ohmschen Gesetz eines einzelnen Wechselstromkreises. Daher nennen wir ϱ den äquivalenten Ohmschen Widerstand, λ die äquivalente Selbstinduktion und $\omega\lambda$ den äquivalenten Induktionswiderstand des ganzen Motors.

Diese sind:

$$\varrho = w_1 + v\varkappa^2\omega L_1 \sin\vartheta\cos\vartheta + w_2 \frac{\varkappa^2\omega^2 L_1 L_2 \cos^2\vartheta}{w_2^2 + (w L_2)^2} \quad \ldots \quad (19)$$

$$\omega\lambda = \omega L_1 - \omega L_2 \frac{\varkappa^2\omega^2 L_1 L_2 \cos^2\vartheta}{w_2^2 + (\omega L_2)^2} \quad \ldots\ldots\ldots \quad (20)$$

Diese Werte unterscheiden sich von denen des gewöhnlichen Transformators nur dadurch, daß in ϱ ein neues, der Drehzahl proportionales Glied $v\varkappa^2\omega L_1 \sin\vartheta\cos\vartheta$ aufgetreten ist, und daß in den letzten Gliedern der Faktor $\cos^2\vartheta$ erschienen ist. Für $v = 0$ und $\vartheta = 0$ gehen diese Ausdrücke in die des gewöhnlichen Transformators über.

Zur experimentellen Ermittlung von ϱ und $\omega\lambda$ dienen die schon auf S. 37 abgeleiteten Beziehungen:

$$\varrho = \frac{P}{J_1^2} \quad \ldots\ldots\ldots \quad (19a)$$

$$\omega\lambda = \sqrt{\left(\frac{K_1}{J_1}\right)^2 - \varrho^2}\,, \quad \ldots\ldots\ldots \quad (20a)$$

wobei P die gesamte, dem Motor zufließende elektrische Leistung bedeutet.

Setzt man Gl. 17 in Gl. 16 ein, so ist

$$D = -p^2 K_1^2 \varkappa^2 L_1 L_2 \frac{\omega(\omega L_2\cos\vartheta - v w_2 \sin\vartheta)\sin\vartheta}{(\varrho^2 + \omega^2\lambda^2)(w_2^2 + \omega^2 L_2^2)} \quad \ldots \quad (21)$$

Hieraus ersieht man zunächst die wichtige Tatsache, daß das Drehmoment aus drei Ursachen null werden kann:

1. wenn $\vartheta = 0$,
2. wenn $\vartheta = 90^0$ und gleichzeitig $v = 0$,
3. wenn $\omega L_2 \cos\vartheta = v w_2 \sin\vartheta$.

[1]) Benischke, „Die wiss. Grundlagen d. Elektrot.“ § 152.

Die erste Bedingung rührt davon her, daß bei $\vartheta = 0$ die magnetischen Kräfte zwischen Ständer und Läufer durch die Achse gehen (S. 80). Die zweite Bedingung rührt davon her, daß bei **Stillstand** der Läuferstrom null ist, wenn die Bürsten senkrecht zum Triebfeld stehen, was sich schon auf S. 80 ergeben hat. Ist v nicht null, so ist der Läuferstrom bei $\vartheta = 90^0$ nicht null und daher gibt es ein Drehmoment. Es kommt dann für das Nullwerden des Drehmomentes nur noch die dritte Bedingung in Betracht, und diese rührt davon her, daß die Phasenverschiebung $\gamma = 0$ und $\psi = 90$ wird, wie aus Gl. 11 zu ersehen ist.

Untersuchen wir zunächst die Abhängigkeit des Drehmomentes von der Bürstenstellung, so ersehen wir aus der dritten Bedingung, daß das Nullwerden für $\operatorname{tg}\vartheta = \frac{\omega L_2}{v\, w_2}$ eintritt. Der **kritische Bürstenwinkel**, bei dem das Drehmoment null wird, ist also um so größer, je größer die Frequenz des Ständerstromes ($\omega = 2\pi\nu$), je größer die Selbstinduktion, je kleiner der Ohmsche Widerstand und je kleiner die Geschwindigkeit v des Läufers ist. Insbesondere geht daraus hervor, daß nur für $v = 0$, also nur bei **Stillstand** das Drehmoment für $\vartheta = 90^0$ null werden kann, was wir oben schon als 2. Bedingung hatten. Dreht sich der Läufer, so wird das Drehmoment schon bei einem um so kleineren Bürstenwinkel ϑ gleich null, je größer die Geschwindigkeit

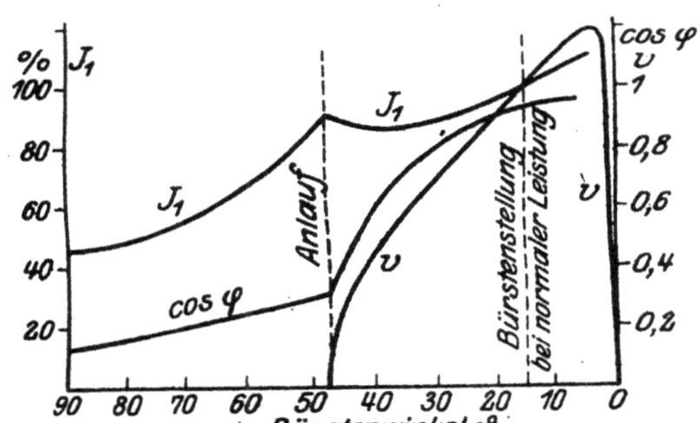

Abb. 72. Verlauf der Geschwindigkeit, des Stromes und des Leistungsfaktors bei der Inbetriebsetzung eines Repulsionsmotors mit konstantem Belastungsdrehmoment, wenn die Bürsten von der neutralen Stellung aus ($\vartheta = 90$) bis zur Kurzschlußstellung ($\vartheta = 0$) verschoben werden. Die Stromstärke ist in Prozenten des Wertes bei normaler Belastung ausgedrückt.

v ist. Die Drehmomentkurven in Abb. 70 und 71, die aus Gl. 21 berechnet wurden, zeigen dies für ein Widerstandsverhältnis $\frac{\omega L_2}{w_2} = 100$ und $\frac{\omega L_2}{w_2} = 1$. In beiden Fällen ist $\varkappa^2 = 0{,}95$ angenommen worden[1]). Die

[1]) Die konstanten Faktoren sind willkürlich, so daß auch das Drehmoment in willkürlichen Einheiten erscheint.

normalen Ausführungen liegen in der Größenordnung des ersten Wertes, für den Abb. 70 gilt. Hier liegt der kritische Bürstenwinkel für alle Geschwindigkeiten bis etwa zum doppelten Synchronismus ($v = 2$) so nahe an 90^0, daß er praktisch nicht davon zu unterscheiden ist. Ist $\operatorname{tg} \vartheta$ größer als $\frac{\omega L_2}{v w_2}$, so wird der Zähler des Bruches in Gl. 21 negativ, d. h. das Drehmoment hat nun entgegengesetzte Richtung wie die Drehrichtung. Soll die Drehung trotzdem aufrechterhalten werden, so muß durch eine besondere Antriebsmaschine das entgegengerichtete Drehmoment überwunden werden. Die Repulsionsmaschine gibt also jetzt keine mechanische Leistung ab, sondern verbraucht solche, und gibt dafür Strom in das Netz, an das die Ständerwicklung angeschlossen ist, d. h. sie arbeitet nun als Stromerzeuger (§ 38). Dasselbe ist der Fall, wenn $\cos \vartheta$ negativ ist, d. h. wenn ϑ zwischen 90^0 und 180^0 liegt, denn dann ist das erste Glied im Zähler des Drehmomentes negativ. Die Maschine hat also für alle Bürstenstellungen von dem kritischen Winkel angefangen bis 180^0 ein der Drehrichtung entgegengesetztes Drehmoment, wie auch Abb. 71 zeigt. Dabei ist zu beachten, daß die Drehmomentkurve nur für den Stillstand ($v = 0$) ober- und unterhalb der Abszissenachse gleich verläuft. Bei rotierendem Läufer hingegen hängt das positive und negative Drehmoment von der Geschwindigkeit ab und ist verschieden groß. Wird dieselbe Drehrichtung, die der Läufer bei kleinem ϑ von selbst einschlägt, mit äußeren Mitteln aufrechterhalten, nachdem die Bürsten über die kritische Stellung hinaus gedreht wurden, so hat das Drehmoment nicht nur entgegengesetzte Richtung, sondern auch andere Werte, als wenn bei derselben Bürstenstellung der Läufer sich selbst überlassen ist und als Motor arbeitet. Denn für das Drehmoment als Motor kommt immer nur das in Betracht, was sich zwischen $\vartheta = 0$ und $\vartheta = \operatorname{arctg} \frac{\omega L_2}{v w_2}$ entwickelt, gleichgültig ob die Bürsten bei Stillstand von der neutralen Stellung ($\vartheta = 90^0$) aus nach rechts oder nach links geschoben werden. Die Abb. 70 und 71 zeigen, daß sowohl das positive als auch das negative Drehmoment ein Maximum hat, das um so kleiner ist, je größer die v und w_2 ist[1]). Das Maximum liegt bei um so kleinerem Bürstenwinkel, je kleiner v und w_2 ist. Abb. 72 zeigt den Verlauf der Geschwindigkeit $\left(v = \frac{u}{u_s}\right)$, wenn ein Motor mit konstantem Belastungsdrehmoment dadurch in Betrieb gesetzt wird, daß die Bürsten von der neutralen Stellung aus ($\vartheta = 90^0$) verschoben werden. Bei $\vartheta = 48^0$ läuft der Motor an und beschleunigt sich rasch, bis sein Drehmoment wieder abnimmt und dann rasch auf Null sinkt. Die Stromstärke J_1 nimmt zu bis zum Anlauf, weil J_2 ge-

[1]) Für alle Kurven in Abb. 70 bis 74 ist der Ohmsche Widerstand des Ständers w_1 derselbe, und zwar ein Hundertstel des induktiven Widerstandes. Das Maximum des Drehmomentes wird natürlich auch um so kleiner, je größer w_1 ist, weil es im Nenner des Drehmomentes (in ϱ) enthalten ist.

mäß Gl. 13 zunimmt. Dann nimmt sie bis zu einem Minimum ab, weil mit der Drehung die EMK der Rotation als Gegen-EMK auftritt. Weiterhin wächst der Strom wieder, weil mit der Drehzahl die Leistung wächst.

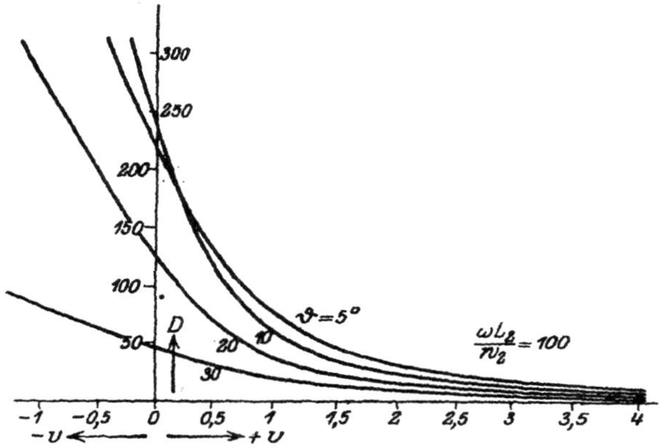

Abb. 73.

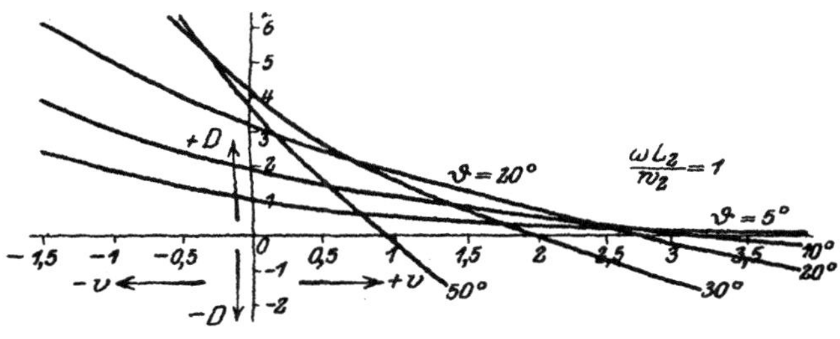

Abb. 74.

Abb. 73 und 74 zeigen die Abhängigkeit des Drehmomentes von der Geschwindigkeit v (Synchronismusgrad) für dieselben Verhältnisse wie Abb. 70 und 71 bei verschiedener Bürstenstellung. Aus Gl. 21 folgt, daß das Drehmoment für $v = \frac{\omega L_2}{w_2 \operatorname{tg} \vartheta}$ null wird. Diese kritische Geschwindigkeit ist demnach um so kleiner, je kleiner die Frequenz des Ständerstromes, je kleiner die Selbstinduktion des Läufers, je größer der Widerstand des Läufers und je größer der Bürstenwinkel ϑ ist. Wird die Geschwindigkeit mit Hilfe einer besonderen Antriebsmaschine über den kritischen Wert gesteigert, so ändert das Drehmoment seine Richtung und die Maschine arbeitet als Stromerzeuger. Hierin liegt der wahre Grund, warum die Repulsionsmotoren bei Entlastung nicht „durchgehen" können wie die Reihenmotoren[1]).

Bei normalen Motoren und normaler Frequenz des Wechselstromes (über 25 Perioden) sowie bei positiven Werten von v sind die Glieder mit den induktiven Widerständen so groß gegenüber den Ohmschen Widerständen, daß diese vernachlässigt werden können. Dann gehen die Gl. 19 und 20 über in

$$\varrho = v\varkappa^2 \omega L_1 \sin\vartheta \cos\vartheta\,,$$
$$\omega\lambda = \omega L_1 (1 - \varkappa^2 \cos^2\vartheta)\,,$$

Das Drehmoment ist dann angenähert

$$D = -p^2 K_1{}^2 \frac{1}{\omega^2 L_1} \cdot \frac{\varkappa^2 \sin\vartheta\cos\vartheta}{(v\varkappa^2 \sin\vartheta\cos\vartheta)^2 + (1 - \varkappa^2\cos^2\vartheta)^2} \quad . \quad (22)$$

33. Anlaufsdrehmoment, Überlastungsfähigkeit.

Setzt man die Drehgeschwindigkeit $v = 0$, so erhält man das Drehmoment bei Stillstand, also das Anlaufsdrehmoment D_a. Bei normalen Motoren genügt es, von der letzten, angenäherten Gleichung statt von der vollständigen auszugehen. Dann ist

$$D_a = -p^2 K_1{}^2 \frac{1}{\omega^2 L_1} \cdot \frac{\varkappa^2 \sin\vartheta\cos\vartheta}{(1 - \varkappa^2\cos^2\vartheta)^2} \quad . \quad . \quad . \quad . \quad (23)$$

Hieraus ersieht man die schon aus § 30 bekannte Tatsache, daß das Anlaufsdrehmoment sowohl für $\vartheta = 0$, wie auch für $\vartheta = 90$ null wird. Dazwischen hat es ein Maximum für

$$\sin\vartheta = \frac{1}{2\varkappa}\sqrt{2 + \varkappa^2 - \sqrt{9\varkappa^4 + 4 - 4\varkappa^2}} \quad . \quad . \quad . \quad . \quad . \quad (24)$$

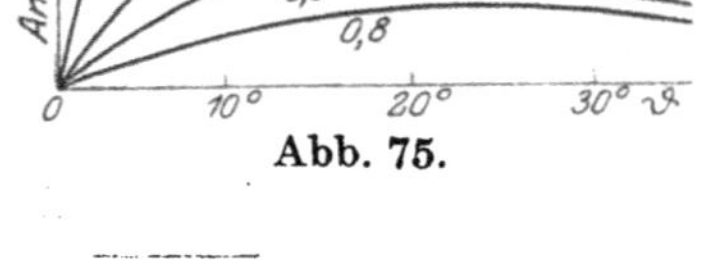

Abb. 75.

Das $+$-Vorzeichen der zweiten Wurzel kommt nicht in Betracht, weil es einen Wert für $\sin\vartheta$ ergibt, der größer ist als 1. Die Kurven in Abb. 75 zeigen die Abhängigkeit des Anlaufsdrehmomentes von ϑ bei verschiedenen Werten des Kupplungsfaktors $\varkappa^2 = 1 - \delta$. Man ersieht daraus den großen Einfluß der Streuung δ sowohl auf den größten Wert des Anlaufsdrehmomentes wie auf die Bürstenstellung, bei der er

[1]) Man begegnet vielfach der Ansicht, daß der Repulsionsmotor „Reihenschlußcharakter" habe. Der Vergleich der Abb. 23 und 61, 62 mit 73 und 74 lehrt aber, daß er mehr einem Nebenschlußmotor als einem Reihenmotor ähnelt, denn das Drehmoment des Reihenmotors schneidet die Abszissenachse nicht und ist bei Stillstand größer als bei negativer Drehzahl, während das des Repulsions- und Nebenschlußmotors die Abszissenachse schneidet und bei negativer Drehzahl größer ist als bei Stillstand.

eintritt. Bei normalen Motoren liegt δ zwischen 0,02 und 0,2, also $\varkappa^2$ zwischen 0,98 und 0,8. Bei $\varkappa = 1$, d. h. bei einem streuungslosen Motor würde das größte Anlaufsdrehmoment beim Grenzwerte $\vartheta = 0$ vorhanden sein[1])

Aus Abb. 73 und 74 ersieht man, daß das Drehmoment bei $+v$, d. h. beim Motorbetrieb mit abnehmender Geschwindigkeit, zunimmt bis zum Stillstand. Das Anlaufsdrehmoment ist also auch die Grenze für die Überlastungsfähigkeit eines Repulsionsmotors.

Vergleicht man das Anlaufsdrehmoment eines Repulsionsmotors mit dem eines Reihenmotors (S. 33), so sieht man, daß es unter gleichen Verhältnissen bei ersterem bedeutend größer sein kann, weil im Nenner der Ausdruck $1 - \varkappa^2 \cos^2 \vartheta$ steht, der bei kleinen Werten von ϑ sehr viel kleiner ist als der Zähler. Der physikalische Grund liegt darin, daß der Reihenmotor bei Stillstand zwei in Reihe geschaltete Drosselspulen darstellt, so daß er keinen starken Strom aufnehmen kann. Dagegen stellt der Repulsionsmotor bei Stillstand und kleinen Werten von ϑ einen kurzgeschlossenen Transformator dar. Infolgedessen ist der äquivalente scheinbare Widerstand klein und die Stromaufnahme groß. Daher wird bei Bahnmotoren, die große Anzugskraft entwickeln sollen, für das Anfahren die Reihenschaltung in die Repulsionsschaltung umgewandelt. In Abb. 50 geschieht es dadurch, daß die Bürsten mittels des Schalters s kurz verbunden werden. Die Erregerwicklung EW und die Kompensationswicklung KW ergeben zusammen ein resultierendes Feld, dessen Achse mit der Bürstenachse einen Winkel ϑ bildet gemäß Abb. 84.

34. Spannungsdiagramme.

Über die Augenblickswerte der EMKe und Spannungen geben die Gl. 2 und 3 (S. 6) Aufschluß. An Stelle der algebraischen Addition in diesen Gleichungen muß bei den effektiven Werten die geometrische Addition treten unter Berücksichtigung der Phasenwinkel, die sich aus Abb. 67 ergeben.

Abb. 76 enthält die EMKe der Ständerwicklung. Der Ständerstrom induziert die dem Triebfeld $\mathfrak{Z}_{1f}$ entsprechende EMK $E_{1f} = \omega L_{1f} J_1 = c\nu N_1 \mathfrak{Z}_{1f} \cdot 10^{-8}$ und die Streuspannung $E_{1s} = \omega L_{1s} J_1 = c\nu N_1 \mathfrak{Z}_{1s} \cdot 10^{-8}$; sie haben daher beide 90^0 Phasenverspätung gegen J_1 und ergeben zusammen die EMK

$$c\nu N_1 (\mathfrak{Z}_{1f} + \mathfrak{Z}_{1s}) = \omega (L_{1f} + L_{1s}) J_1 = \omega L_1 J_1 = OR,$$

---

[1]) Das Anlaufsdrehmoment erscheint nach der obigen Gleichung unabhängig von den Ohmschen Widerständen, weil normale Motoren vorausgesetzt wurden, bei denen sie gegen den Induktionswiderstand verschwindend klein sind. Ist das nicht der Fall, so ist das Anlaufsdrehmoment um so kleiner, je größer die Ohmschen Widerstände w_1 und w_2 sind, wie aus den vollständigen Gleichungen 19 bis 21 hervorgeht.

für welche wir keine besondere Bezeichnung eingeführt haben[1]). Der Läuferstrom J_2 induziert in der Ständerwicklung die transformatorische

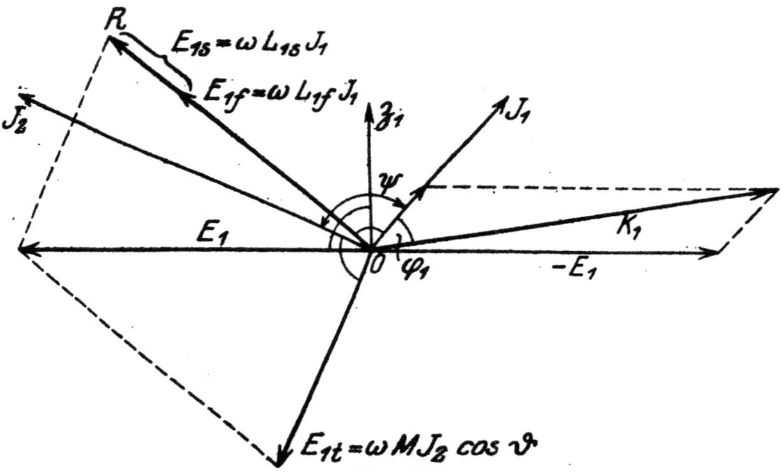

Abb. 76.

EMK $E_{1t} = \omega M J_2 \cos\vartheta = c\nu N_1 \mathfrak{Z}_{2f} \cos\vartheta \cdot 10^{-8}$, die um 90^0 gegen J_2 verspätet ist. Die Resultierende aus OR und E_{1t} ergibt die gesamte

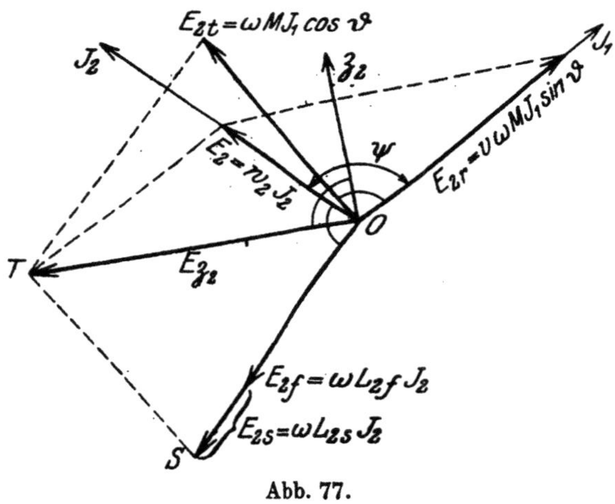

Abb. 77.

EMK E_1 des Ständers, die vom Ständerfelde $\mathfrak{Z}_1$ durch die Formel $E_1 = c\nu N_1 \mathfrak{Z}_1 \cdot 10^{-8}$ bestimmt wird und ihm um 90^0 nacheilt. Es ist

[1]) Es ist zu beachten, daß $\mathfrak{Z}_{1f} + \mathfrak{Z}_{1s}$ nicht gleich dem Ständerfelde $\mathfrak{Z}_1$ ist, sondern dieses enthält, wie Abb. 66 zeigt, noch die Komponente $\mathfrak{Z}_{2f} \cos\vartheta$.

dies die Gegen-EMK des Ständers. Jene Komponente der aufgedrückten Klemmenspannung K_1, die ihr das Gleichgewicht hält, unterscheidet sich von K_1 nur durch den Ohmschen Spannungsabfall $\mathfrak{w}_1 J_1$. Wir haben also den zu E_1 entgegengesetzten Vektor $-E_1$ zu zeichnen (Abb. 76), mit $w_1 J_1$ zusammenzusetzen und erhalten so K_1.

Abb. 77 enthält die EMKe des Läufers. Der Läuferstrom induziert die EMK

$$E_{2f} = \omega L_{2f} J_2 = c \nu N_2 \mathfrak{Z}_{2f} \cdot 10^{-8}$$

und die Streuspannung

$$E_{2s} = \omega L_{2s} J_2 = c \nu N_2 \mathfrak{Z}_{2s} \cdot 10^{-8};$$

beide haben daher 90^0 Phasenverspätung gegen J_2 und ergeben zusammen die EMK

$$c \nu N_2 (\mathfrak{Z}_{2f} + \mathfrak{Z}_{2s}) = \omega (L_{2f} + L_{2s}) = \omega L_2 J = OS,$$

für die wir keine besondere Bezeichnung eingeführt haben. Der Ständerstrom J_1 induziert in der Läuferwicklung die transformatorische EMK $E_{2t} = \omega M J_1 \cos\vartheta = c \nu N_2 \mathfrak{Z}_{1f} \cos\vartheta \cdot 10^{-8}$, die um 90^0 gegen J_1 verspätet ist. Die Resultierende aus OS und E_{2t} ist $OT = E_{\mathfrak{Z}_2}$. Es ist

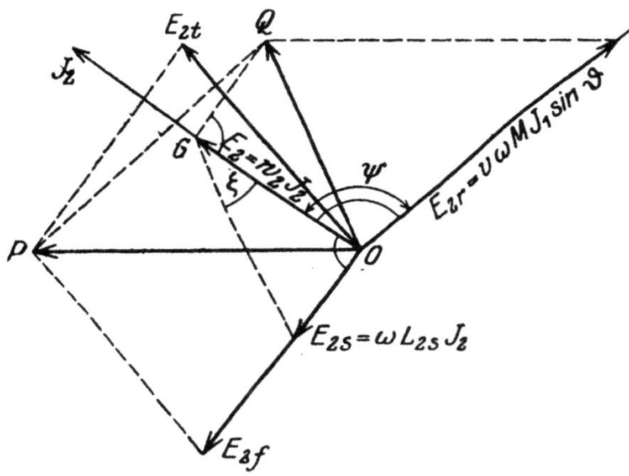

Abb. 78.

dies die gesamte im Läufer durch Induktion vom Läuferfelde $\mathfrak{Z}_2$ erzeugte EMK. Sie ist also $E_{\mathfrak{Z}_2} = c \nu N_2 \mathfrak{Z}_2 \cdot 10^{-8}$ und hat 90^0 Verspätung gegen $\mathfrak{Z}_2$. Bei Stillstand ist OT gleichbedeutend mit der gesamten EMK E_2 im Läufer[1]). Bei rotierendem Läufer kommt noch die EMK der Rotation $E_{2r} = \nu \omega M J_1 \sin\vartheta$ hinzu, die nach Abb. 14 gleiche Richtung wie J_1 hat. Die Resultierende aus OT und E_{2r} gibt die gesamte EMK E_2 des Läufers. Da die Läuferwicklung kurzgeschlossen, also $k_2 = 0$ ist,

[1]) Es ist aber zu beachten, daß bei Stillstand J_2 eine andere Richtung hat (vgl. Abb. 68), weil da $\psi = \chi$ und zwar nahezu 180^0 ist.

folgt aus Gl. 30 (S. 10): $e_2 = w_2 i_2$. Da w_2 eine konstante Größe ist, gilt das auch für die effektiven Werte, also: $E_2 = w_2 J_2$. Diese resultierende EMK hat also gleiche Phase wie J_2.

Um den gesamten Spannungsabfall der Läuferwicklung zur Darstellung zu bringen, setzt man die Streuspannung $E_{2s} = \omega L_{2s} J_2$ als induktiven Spannungsabfall mit dem Ohmschen Spannungsabfall $w_2 J_2$ zum gesamten Spannungsabfall OQ (Abb. 78) zusammen. Dann ist die Resultierende aus allen übrigen Spannungen (E_{2f}, E_{2t}, E_{2r}) gleich OQ. Da E_{2s} senkrecht steht auf J_2, so ist $\operatorname{tg} \zeta = \frac{E_{2s}}{E_2} = \frac{\omega L_{2s}}{w_2}$. Dieser Winkel ist also bei einem gegebenen Motor und gegebener Frequenz ω konstant. Somit sind auch die übrigen Winkel des Dreieckes OGQ konstant, d. h. es ändert sich mit der Drehgeschwindigkeit oder der Belastung nur die Größe dieses Dreieckes, aber nicht seine Form.

Manchmal ist es vorteilhaft, im Läufer die EMKe zusammenzufassen, die vom Ständerstrom, und die, die vom Läuferstrom herrühren.

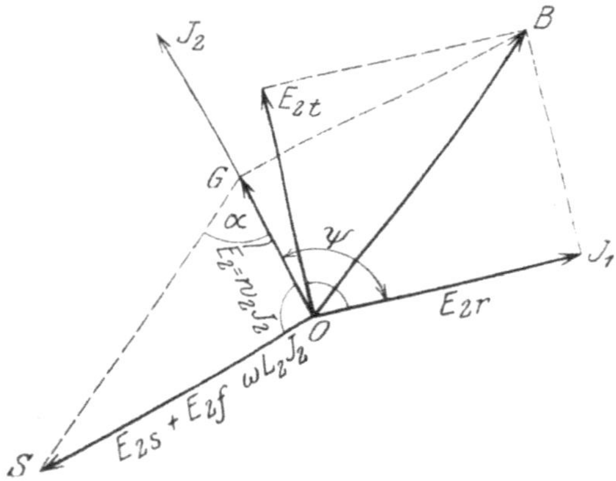

Abb. 79.

So geben E_{2t} und E_{2r} (in Abb. 79) die nur vom Ständerstrom herrührende EMK OB. E_{2f} und E_{2s} haben gleiche Phase und geben daher die nur vom Läuferstrom herrührende EMK $E_{2f} + E_{2s} = \omega (L_{2f} + L_{2s}) J_2 = \omega L_2 J_2 = OS$, wie schon in Abb. 77.

Aus OB und OS ergibt sich endlich die Resultierende E_2, die wie oben gleich $w_2 J_2$ ist. Da E_{2t} und E_{2r} senkrecht aufeinander stehen, so ist $OB = \sqrt{E_{2t}^2 + E_{2r}^2}$. Das ist also nichts anderes als der Zähler der Gl. 4 (S. 83). Mithin ist

$$J_2 = \frac{OB}{\sqrt{w_2^2 + (\omega L_2)^2}} = \sqrt{\frac{E_{2t}^2 + E_{2r}^2}{w_2^2 + (\omega L_2)^2}},$$

was wir schon auf S. 84 analytisch erhalten haben. Andererseits ist

$$J_2 = \frac{E_2}{w_2}.$$

Aus Abb. 79 ersieht man auch, daß

$$\operatorname{tg} \alpha = \frac{\omega L_2 J_2}{w_2 J_2} = \frac{\omega L_2}{w_2}.$$

Das ist also der Winkel, den wir schon auf S. 84 hatten. Er ist von der Geschwindigkeit v unabhängig, während die Größe des Diagramms davon abhängig ist[1]).

35. Der Leistungsfaktor.

Nach S. 88 ist die Phasenverschiebung ω_1 des Ständerstromes gegen die Netzspannung dargestellt durch

$$\operatorname{tg} \varphi_1 = \frac{\omega \lambda}{\varrho}.$$

Aus Gl. 19, 20 ersieht man, daß v nur in ϱ vorkommt, so daß der Phasenwinkel mit wachsender Geschwindigkeit abnimmt, also der Leistungsfaktor cos φ_1 zunimmt. Ferner sieht man, daß, wie bei jedem Transformator, φ_1 um so kleiner ist, je größer die Widerstände w_1 und w_2 und der Kupplungsfaktor $\varkappa$, d. h. je kleiner die Streuung ist. Aus Gl. 19a geht ferner hervor, daß φ_1, wie überall, um so kleiner ist, je größer die gesamte aufgenommene Leistung P ist.

36. Funkenbildung unter den Bürsten.

Der Umstand, daß der Läufer eines Repulsionsmotors bezüglich des Bürstenwinkels entgegengesetzte Drehrichtung und daher seine EMK der Rotation entgegengesetztes Vorzeichen hat wie bei den Reihen- und Nebenschlußmotoren (S. 9 und 81), hat eine wichtige Folge für die Funkenbildung. Denn es arbeitet hier die EMK der Rotation den übrigen EMKen im Läufer teilweise entgegen, während sie sich bei den genannten Motoren zu den anderen rechtwinklig addiert (§ 16).

Vernachlässigt man in Gl. 3 den Spannungsabfall $w_2 i_2$, so ist

$$L_2 \frac{di_2}{dt} + M \cos\vartheta \frac{di_1}{dt} = i_1 v \omega M \sin\vartheta.$$

Das erste Glied ist die vom Läuferstrom in der eigenen Wicklung gemäß ihrer gesamten Selbstinduktion induzierte EMK. Das zweite Glied ist die vom Ständerstrom gemäß der gegenseitigen Induktion induzierte

---

[1]) Aus dem Spannungsdiagramm läßt sich ein Arbeitsdiagramm entwickeln; aber für jede Bürstenstellung ein anderes. Da sich das Drehmoment schon bei sehr kleinen Änderungen der Bürstenstellung stark ändert (Abb. 70), läßt sich eine hinreichend feste Beziehung zwischen einem Bürstenwinkel und einem bestimmten Arbeitsdiagramm praktisch nicht herstellen. Man findet verschiedene Werte, wenn man zu verschiedenen Zeiten anscheinend genau denselben Bürstenwinkel einstellt, Aus diesem Grunde hat das Arbeitsdiagramm für Repulsionsmotoren keine Bedeutung erlangt, so daß hier nicht darauf eingegangen, sondern auf die Veröffentlichungen von M. Osnos („ETZ" 1903, S. 904) und R. Moser („Elektr. u. Maschinenbau" 1914, S. 669) verwiesen wird.

EMK der Transformation. Diese zusammen sind also näherungsweise gleich der EMK der Rotation. Die entsprechenden effektiven Werte $\omega L_2 J_2 = E_{L_2}$ und E_{2t} sind in Abb. 77 enthalten. Sie geben zusammen die resultierende EMK $E_{\mathfrak{Z}_2}$, und diese entspricht dem resultierenden Läuferfelde $\mathfrak{Z}_2$, denn dem E_{L_2} entspricht das gesamte vom Läuferstrom erzeugte Feld $\mathfrak{Z}_{2s} + \mathfrak{Z}_{2f}$ und dem E_{2t} entspricht das vom Ständerstrom erzeugte, im Läufer wirksame Triebfeld $\mathfrak{Z}_{1f}\cos\vartheta$. Beide zusammen geben, wie Abb. 66 zeigt, die Resultierende $\mathfrak{Z}_2$. Es gilt also gemäß Gl. 53 (S. 18) nach entsprechender Änderung der Indexe:

$$E_{\mathfrak{Z}_2} = \sqrt{2}\pi p u_s f_2 N_2 \, \mathfrak{Z}_2.$$

Nach Gl. 54 ist

$$E_{2_r} = \sqrt{2}\pi p u f_2 N_2 \, \mathfrak{Z}_{1f} \sin\vartheta.$$

Dann folgt aus $E_{\mathfrak{Z}_2} = E_{2_r}$:

$$\frac{\mathfrak{Z}_2}{\mathfrak{Z}_{1f}\sin\vartheta} = \frac{u}{u_s} = v$$

oder

$$\mathfrak{Z}_2 = v\mathfrak{Z}_{1f}\sin\vartheta.$$

Das gesamte Läuferfeld ist also der Geschwindigkeit proportional. Bei Synchronismus ($v = 1$) ist $\mathfrak{Z}_2 = \mathfrak{Z}_{1f}\sin\vartheta$. Das gilt aber, wie vorausgesetzt wurde, nur, wenn $w_2 J_2 = 0$ ist. Abb. 77 zeigt, daß die Wirklichkeit sehr weit davon entfernt sein kann. Es folgt daraus, daß $E_{\mathfrak{Z}_2}$ und E_{2_r} nur dann genau gleich und entgegengesetzt sein können, wenn $J_2 = 0$ ist, da w_2 praktisch nicht null sein kann. Aus Gl. 4 wissen wir, daß dies bei rotierendem Läufer nicht möglich ist. Immerhin heben sich bei Synchronismus diese EMKe zum größten Teil gegenseitig auf; und weil das auch in den jeweils unter den Bürsten befindlichen Windungen der Fall ist, so ist der darin entstehende Kurzschlußstrom, der die Funkenbildung verursacht, sehr klein.

Hinsichtlich der Funkenbildung gibt es also bei den Repulsionsmotoren eine günstigste Geschwindigkeit, die in der Nähe des Synchronismus liegt. Bei kleinerer Geschwindigkeit überwiegt $E_{\mathfrak{Z}_2}$, bei größerer überwiegt E_{2_r}. Bei sehr großer übersynchroner Geschwindigkeit ist daher die Funkenbildung stärker als bei kompensierten Reihenmotoren und niedriger Frequenz. Das ist der Grund, warum die Repulsionsmotoren für den Bahnbetrieb weniger geeignet sind, denn da werden im Interesse der Raumbeschränkung und des Leistungsfaktors möglichst hohe Drehzahlen bevorzugt[1]). Will man Repulsionsmotoren

[1]) Da die Reihen-Kurzschlußmotoren nach Winter-Eichberg und Latour nebst den Arbeitsbürsten auch noch kurzgeschlossene Hilfsbürsten haben, wird gewöhnlich angenommen, daß der obige funkenvermindernde Umstand auch bei diesen vorhanden sei. Das ist nicht der Fall, weil da die EMK der Rotation entgegengesetztes Vorzeichen hat wie bei den Repulsionsmotoren, so daß sich die EMKe nicht teilweise aufheben können, sondern sich rechtwinklig addieren wie bei allen Reihenmotoren (§ 16). Der wahre Grund für die geringe Funkenbildung an den Kurzschlußbürsten der Winter-Eichberg-Latour-Motoren ist auf S. 60 angegeben.

bei großer übersynchroner Geschwindigkeit anwenden, so muß man Widerstandsverbindungen zwischen den Kommutatorsegmenten und der Wicklung anwenden[1]).

Bei 50 Perioden ist infolge des genannten Umstandes der Repulsionsmotor dem Reihenmotor überlegen, wenn nicht allzu große übersynchrone Drehzahlen in Betracht kommen[2].) Denn bei 50 Perioden ist die Funkenbildung des Reihenmotors wegen der großen EMK der Transformation, die durch Hilfswicklungen nicht unschädlich gemacht werden kann (S. 47), beträchtlich. Der Reihenmotor kann dann nur durch ausgiebige Widerstandsverbindungen oder durch den Bürstenkurzschluß nach Winter und Eichberg (S. 59) dem Repulsionsmotor hinsichtlich der Funkenbildung ebenbürtig gemacht werden. Hinsichtlich des Anlaufsdrehmomentes ist der Repulsionsmotor weit überlegen (S. 93).

37. Besondere Ausführungsarten von Repulsionsmotoren.

Statt mit einem Paar kurzgeschlossener Bürsten für jedes Polpaar können die Repulsionsmotoren auch mit zwei Paar solchen versehen werden. Bei der Anordnung von Deri (Abb. 80) bleiben die Bürsten a, c fest stehen, während b und d an einem drehbaren Ring sitzen und mit diesem gedreht werden können. Jeder der beiden Kurzschlußleiter führt den Strom $\frac{J_2}{2}$, gemäß den mit e bezeichneten EMKen, während e' (zwischen bc) und e'' (zwischen ad) sich gegenseitig aufheben, weil sie gegeneinander gerichtet sind. Bei b und c entsteht je ein Nordpol, die zusammen den resultierenden Nordpol n geben. Bei a und d entsteht je ein Südpol, die zusammen den resultierenden Pol s geben. n und s bestimmen die magnetische Achse des Läuferfeldes, die mit der Achse des Ständerfeldes den Winkel ϑ bildet. Man erkennt aus dieser Abbildung, daß zum Winkel ϑ eine Verschiebung des Bürstenpaares bd um den doppelten Winkel ϑ gehört, oder mit anderen Worten, daß der für die Wirkungsweise maßgebliche Winkel ϑ gleich dem halben Drehwinkel der Bürsten bd ist. Das hat den Vorteil, daß zu derselben Änderung des Drehmomentes bzw. der Drehzahl eine

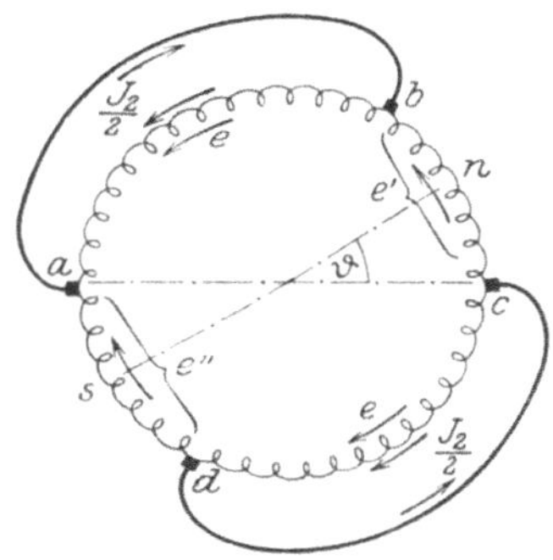

Abb. 80.

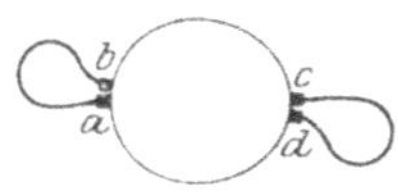

Abb. 81.

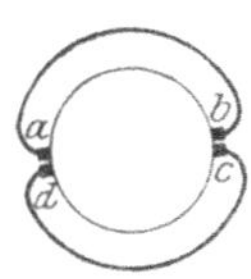

Abb. 82.

[1]) P. Müller, „ETZ" 1911, S. 11.

[2]) Über die Frequenz beim Bahnbetrieb vgl. die Anmerk. auf S. 63.

doppelt so große Verschiebung der Bürsten erforderlich ist wie bei Motoren mit einem Bürstenpaar. Abb. 81 zeigt die Leerstellung, Abb. 82 die Kurzschlußstellung der Bürsten. Um die Drehrichtung umzukehren, muß also die Bürstenverschiebung größer als 180° sein, d. h. die Bürsten *bd* müssen an den festen Bürsten *ac* vorbeigeschoben werden. Daher

Abb. 83.

muß die Anordnung der Bürsten so sein, wie Abb. 83 zeigt. Ein weiterer Vorteil liegt darin, daß jede Bürste nur den halben Läuferstrom führt, so daß die Bürsten und deren Kommutator nicht so heiß werden, weil der Übergangswiderstand zwischen beiden auch ohne Funkenbildung eine erhebliche Erwärmung verursacht[1]). Ferner sind die zwischen *bc* und die zwischen *ad* liegenden Teile der Läuferwicklung nahezu stromlos, so daß der Stromwärmeverlust kleiner ist, als bei Motoren mit einem Bürstenpaar, wo die ganze Läuferwicklung vom Strom durchflossen wird. Man kann aber auch beide Bürstenpaare in paralleler Lage gleichzeitig verschieben. Der Winkel ϑ ist dann gleich dem Verschiebungswinkel. Der erste der vorgenannten Vorteile besteht also dann nicht mehr, wohl aber die beiden anderen. Bei vielpoligen Motoren ist manchmal kaum genügend Platz für doppelte Bürsten.

Das einachsige Triebfeld eines Repulsionsmotors wird natürlich wie bei jedem Wechselfeldmotor am einfachsten durch eine Erregerwicklung erzeugt, deren Achse mit der Achse des Triebfeldes zusammenfällt. Man kann aber auch zwei gleiche parallelgeschaltete Wicklungen

[1]) Es ist daher nicht richtig, die Erwärmung der Bürsten oder des Kommutators als alleinigen Maßstab für die Funkenbildung zu betrachten.

anwenden, die sich unter 90^0 kreuzen (Abb. 84), also um die Hälfte eines Polbogens versetzt sind. Ist die Stromstärke in beiden gleich, so liegt die Achse des resultierenden Feldes in der Mitte und bildet mit der in Abb. 84 wagrecht gezeichneten Bürstenachse den Winkel $\vartheta = 45^0$. Der Zweck dieser Wicklungsart, die mehr Draht erfordert, besteht darin, daß man die Achse des resultierenden Feldes verschieben kann, wenn die Bürsten wegen shlechter Zugänglichkeit nicht verschoben werden können. Man sieht leicht ein, daß sich die Achse des resultierenden Feldes in der einen oder in der anderen Richtung dreht, wenn die Stromstärke in der einen oder in der anderen Wicklung durch Vorschaltung eines induktionslosen Regelungswiderstandes vermindert wird.

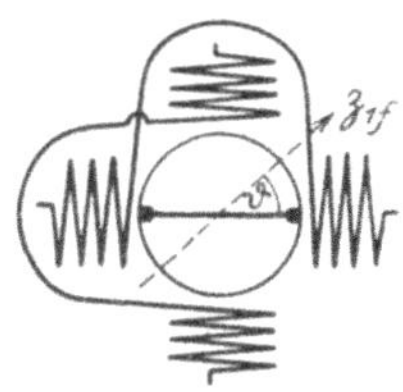

Abb. 84.

Wird die Stromrichtung in der einen Wicklung umgekehrt, so verschiebt sich die magnetische Achse bis in den nächsten Quadranten, so daß dann der Winkel ϑ größer als 90^0 ist, und so die Drehrichtung umgekehrt wird. Dasselbe ergibt sich bei der Schaltung nach Abb. 85, wo der Läufer drei Wicklungen hat. Mittels des Umschalters U wird entweder die Wicklung G oder H eingeschaltet und so die Achse des resultierenden Feldes verschoben.

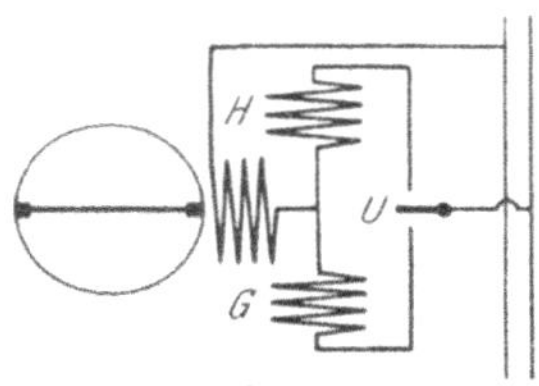

Abb. 85.

38. Der Repulsionsmotor als Nutzbremse.

Auf S. 89 hat sich ergeben, daß es für jede Bürstenstellung eine Geschwindigkeit gibt, bei der das Drehmoment null wird. Wird diese Geschwindigkeit mit Hilfe eines Antriebsmotors überschritten, so wird das Drehmoment negativ (Abb. 74). Es muß also von diesem Antriebsmotor überwunden werden, und die aufgewendete mechanische Leistung setzt sich in elektrische Leistung um, die ins Netz geht. Unter normalen Verhältnissen liegt aber diese kritische Geschwindigkeit so hoch, (in Abb. 73 liegt sie außerhalb der Zeichnung), daß eine solche Stromerzeugung praktisch nicht angewendet werden kann. Nur durch Einschaltung eines großen Ohmschen Widerstandes in den Bürstenkurzschluß zwecks Vergrößerung von w_2 wird die kritische Geschwindigkeit hinreichend erniedrigt, wie in Abb. 74, wo $w_2 = \omega L_2$ ist. Dann ist aber das Drehmoment sehr klein.

Das gilt für die positive Drehrichtung des Läufers, d. h. für die Drehrichtung, die mit dem motorischen Drehmoment übereinstimmt. Wird jedoch die Drehgeschwindigkeit $v = u/u_s$ negativ gemacht, also der Läufer gegen das Drehmoment gedreht, so wird die zur Überwindung desselben notwendige mechanische Leistung in elektrische Leistung umgesetzt. Da nun also v in Gl. 19 und 21 negativ einzusetzen ist, so sieht man, daß jetzt das Drehmoment größer ist als bei $+v$

(Abb. 73 und 74). Diese Betriebsart eignet sich unter Umständen zur Nutzbremsung von Bahnen und Kranen. Dabei ist es nicht nötig, die Drehrichtung des Läufers umzukehren, sondern es kann das Drehmoment in bequemer Weise dadurch umgekehrt werden, daß die Bürsten über die neutrale Stellung hinweg in den anderen Quadrant geschoben werden (Abb. 65). Es hat sich aber gezeigt, daß bei diesem Betrieb nicht nur ein nutzbarer Strom von netzgleicher Frequenz, sondern nach Überschreitung einer gewissen Drehzahl auch noch ein Strom von anderer Frequenz durch Selbsterregung entstehen kann[1]). Dieser selbsterregte Strom hat im allgemeinen sehr kleine Frequenz und ist nicht stationär, sondern wächst nach der Entstehung so lange an, bis eine große magnetische Sättigung des Eisens eingetreten ist. Rechnung und Versuche haben gezeigt, daß diese Selbsterregung verhindert wird, wenn der Ohmsche Widerstand des Ständers oder des Läufers genügend groß ist, oder wenn die Kraftliniendichte im Eisen über einer gewissen Sättigung liegt[2]). Konstante Netzspannung ist also unbedingte Voraussetzung für eine Nutzbremsung. Daher kann sie nicht angewendet werden, wenn beträchtliche Spannungsverminderungen oder gar ein zeitweiliges Aussetzen der Spannung vorkommt. Im allgemeinen kann man sagen, daß bei Bahnen weder mit Reihenmotoren noch mit Repulsionsmotoren eine zuverlässige Nutzbremsung möglich ist.

39. Die Ermittlung des magnetischen Kupplungsfaktors.

Wie die Gl. 21 und 24 (S. 88) zeigen, hat der Kupplungsfaktor $\varkappa$ oder der Streufaktor $\delta = 1 - \varkappa^2$ bedeutenden Einfluß auf die Wirkungsweise. Seine Ermittlung kann auf dieselbe Weise erfolgen, wie sie vom Verfasser für Transformatoren und Drehfeldmotoren angegeben wurde[3]). Zu diesem Zweck wird Spannung und Stromstärke des Ständers gemessen bei Stillstand des Läufers und Kurzschlußstellung der Bürsten ($\vartheta = 0$). Dabei wird dem Ständer so viel Spannung K_k aufgedrückt, als nötig ist, um einen Kurzschlußstrom J_{k_1} zu erzeugen, der ungefähr gleich dem normalen Belastungsstrom ist. Dann ist der Streufaktor derselbe wie beim normalen Betrieb.

Gemäß Gl. 17 gilt nun

$$J_{k_1} = \frac{K_k}{\sqrt{\varrho_k + (\omega \lambda_k)^2}}.$$

[1]) F. Rusch, „Elektr. u. Maschinenbau" 1911, S. 1. Niethammer und Siegl, ebenda 1911, S. 1063; 1912, S. 717. A. Fraenckel. ebenda 1912, S. 677. A. Scherbius, „ETZ" 1912, S. 1264.

[2]) Nach A. Fraenckel wird die Selbsterregung verhindert, wenn die Maschine mit einer solchen von der Netzspannung herrührenden Sättigung arbeitet, daß die Zunahme der EMK der Rotation für eine bestimmte Zunahme des Stromes kleiner ist, als der dieser Zunahme entsprechende Ohmsche Spannungsabfall.

[3]) Benischke, „Elektr. Kraftbetr. u. Bahnen" 1912, S. 83; „Wiss. Grundlagen d. Elektrot." § 160.

Dabei ist $\varrho_k = \frac{P_k}{J_{k_1}^2}$. Hier bedeutet P_k die beim Kurszchlußversuch gemessene elektrische Leistung. Da $\cos\vartheta = 1$ und $w_2{}^2$ verschwindend klein gegen $(\omega L_2)^2$ ist[1]), so folgt aus Gl. 20 (S. 88):

$$\lambda_k = L_1 - \varkappa^2 L_1 = (1 - \varkappa^2) L_1 = \delta L_1.$$

Mithin

$$J_{k_1} = \frac{K_k}{\sqrt{\left(\frac{P_k}{J_{k_1}^2}\right)^2 + \delta^2 (\omega L_1)^2}}.$$

Der Induktionswiderstand ωL_1 ergibt sich aus dem Magnetisierungsstrom J_m. Dieser unterscheidet sich sehr wenig von dem Strom, den der Ständer aufnimmt, wenn die Bürsten abgenommen sind[2]), denn dann heben sich die in der Läuferwicklung induzierten EMKe gegenseitig auf, so daß es keinen sekundären Strom gibt. Der Ständerstrom ist dann

$$J_m = \frac{K_1}{\sqrt{w_1{}^2 + (\omega L_1)^2}}.$$

Da $w_1{}^2$ verschwindend klein ist gegen $(\omega L_1)^2$, so ist $\omega L_1 = \frac{K_1}{J_m}$. Es ergibt sich nun

$$\delta = 1 - \varkappa^2 = \frac{J_m}{K_1 J_{k_1}} \sqrt{K_k{}^2 - \left(\frac{P_k}{J_{k_1}}\right)^2}.$$

Es beziehen sich also K_k P_k J_{k_1} auf den Kurzschlußversuch, K_1 J_m auf den Leerlaufversuch.

Da der Streufaktor eines Motors, soweit er als konstant betrachtet werden kann, nur durch die Form des Eisenkörpers und der Wicklung bestimmt wird, so kann man dieselbe Methode auch zur Ermittlung des Streufaktors eines Reihen- oder Nebenschlußmotors benützen, wenn man ihn vorher in einen Repulsionsmotor umschaltet, also nur dem Läufer Strom zuführt, die Bürsten in die magnetische Achse stellt und durch einen Kurzschlußdraht verbindet. Die Bürstenstellung ist also zwar eine andere als beim Reihen- oder Nebenschlußbetrieb, und dadurch ändert sich etwas die magnetische Stauung im Luftzwischenraum, aber es ist unbedeutend, und eine andere Methode steht nicht zur Verfügung.

---

[1]) Jedenfalls kann die Messung bei solcher Frequenz ausgeführt werden, daß $\omega = 2\pi\nu$ genügend groß ist. Im Bereich der technischen Frequenzen ist der Streufaktor unabhängig davon.

[2]) Es genügt nicht, daß der die Bürsten verbindende Kurzschlußleiter abgenommen wird, da die Bürsten die unter ihnen befindlichen Windungen kurzschließen.

V. Wechselfeld-Induktionsmotoren ohne Kommutator.

40. Arbeitsweise und Drehmoment.

Speist man den Ständer eines Drehfeldmotors nur mit einphasigem Wechselstrom, was sich dadurch bewerkstelligen läßt, daß man eine Wicklungsphase abschaltet, so erhält man einen Wechselfeldmotor mit einem Ständer von gleicher Art, wie den besonders gewickelten Ständer nach Abb. 43, aber nicht mit einem Kommutatorläufer, sondern mit einem Käfigläufer oder mit einem zwei- oder dreiphasig gewickelten Läufer[1]). Ein solcher Motor zeigt folgende Eigenschaften: Wird er bei Stillstand eingeschaltet, so hat er keinerlei Drehmoment. Wird er aber in der einen oder anderen Richtung auf eine gewisse Geschwindigkeit gebracht, so läuft er in diesem Sinne weiter und beschleunigt sich bis in die Nähe des Synchronismus. Nun kann er belastet werden und seine Geschwindigkeit nimmt entsprechend ab. Das Drehmoment wächst mit abnehmender Geschwindigkeit bis zu einem Höchstwert. Ist dieser überschritten, so nimmt das Drehmoment wieder ab und der Motor gelangt dann rasch zum Stilstand. Daß dieser Motor bei Stillstand kein Drehmoment haben kann, läßt sich von vornherein erwarten, weil im Ständer ein Wechselfeld mit feststehender Richtung erzeugt wird, das zu dieser Richtung symmetrisch ist. Wenn also ein Drehmoment zustande kommt, kann es nur dadurch geschehen, daß die Symmetrie aufgehoben wird, indem der Läufer nach der einen oder anderen Richtung gedreht wird.[2])

Das Drehmoment dieses Motors ergibt sich am einfachsten, wenn man ihn durch zwei gleiche, auf derselben Achse sitzende Drehfeld-Induktionsmotoren, deren Drehfelder gegeneinander gerichtet sind, ersetzt. Dieser Ersatz ergibt sich daraus, daß ein Wechselfeld, dessen Kraftliniendichte nach Gl. 36 (S. 12) die Form

$$b = \mathfrak{B} \sin \omega t \cdot \sin \xi l$$

hat, nach einer bekannten trigonometrischen Formel zerlegt werden kann in

$$b = \frac{\mathfrak{B}}{2} \cos(\omega t - \xi l) - \frac{\mathfrak{B}}{2} \cos(\omega t + \xi l) \quad . \; . \; . \; . \; . \; (1)$$

Das sind zwei Drehfelder mit entgegengesetztem Drehsinn, aber halber Kraftliniendichte und daher auch halber Kraftlinienmenge $\mathfrak{Z}$ wie im

[1]) Es kommt darauf an, daß der Läufer bei allen Stellungen dieselbe Induzierung vom Wechselfeld des Ständers erfährt. Seine Wicklung muß also nach mindestens zwei Richtungen symmetrisch sein, wie eine zweiphasige Wicklung. Besser ist eine dreiphasige, noch besser ein Kurszchlußkäfig. Bei diesem ist aber kein Anlaßwiderstand möglich.

[2]) Bei den Induktionsmotoren mit Kommutator (Repulsionsmotoren § 29) wird die Symmetrie durch Schrägstellung der Bürsten aufgehoben.

Wechselfeldmotor. Das Drehmoment eines solchen Drehfeldmotors mit der Kraftlinienmenge $\frac{\mathfrak{Z}}{2}$ ist[1])

$$D_I = \pi m p N_2^2 \left(\frac{\mathfrak{Z}}{2}\right)^2 \frac{w_2 \nu s}{w_2^2 + s^2(\omega L_{2s})^2} \quad . \quad . \quad . \quad . \quad . \quad (2)$$

Wir ersetzen $\mathfrak{Z}$ durch die im Ständer erzeugte EMK

$$E_{1\mathfrak{z}} = \sqrt{2}\pi \nu N_1 \mathfrak{Z} \cdot 10^{-8}.$$

Dann ist, wenn wir die konstanten Faktoren in C zusammenfassen,

$$D_I = C E_{1\mathfrak{z}}^2 \frac{w_2}{\nu} \cdot \frac{s}{w_2^2 + s^2(\omega L_{2s})^2} \quad . \quad . \quad . \quad . \quad . \quad . \quad . \quad (3)$$

Diese Gleichung kann ohne weiteres für den ersten der beiden Drehfeldmotoren gelten, nämlich für jenen, wo sich das Drehfeld im gleichen Sinne wie der Läufer dreht (mitlaufendes Drehfeld). Dieselbe Gleichung gilt für den anderen Motor mit entgegengesetzt laufendem Drehfeld, wenn man die Schlüpfung s durch eine andere s_g ersetzt und berücksichtigt, daß gemäß Gl. 1 das negative Vorzeichen vorgesetzt werden muß. Alles andere bleibt unverändert, weil ja zwei gleiche Motoren vorausgesetzt sind. Mithin ist das Drehmoment des gegenlaufenden Motors

$$D_{II} = -C E_{1\mathfrak{z}}^2 \frac{w_2}{\nu} \cdot \frac{s_g}{w_2^2 + s_g^2(\omega L_{2s})^2} \quad . \quad . \quad . \quad . \quad . \quad . \quad . \quad (4)$$

Die Schlüpfung s des ersten Motors ist

$$s = \frac{a_1 - a_2}{a_1}, \quad . \quad . \quad . \quad . \quad . \quad . \quad . \quad . \quad . \quad . \quad . \quad (5)$$

wenn a_1 die Winkelgeschwindigkeit des Drehfeldes und a_2 die des Läufers bedeutet. Für den anderen Motor ist die Winkelgeschwindigkeit des Drehfeldes: $-a_1$, weil es sich im entgegengesetzten Sinne dreht. Mithin ist die oben eingeführte Schlüpfung des zweiten Motors

$$s_g = \frac{-a_1 - a_2}{-a_1} = \frac{a_1 + a_2}{a_1} \quad . \quad . \quad . \quad . \quad . \quad . \quad . \quad . \quad . \quad (6)$$

Daraus folgt

$$s_g = 2 - s \quad . \quad . \quad . \quad . \quad . \quad . \quad . \quad . \quad . \quad . \quad . \quad . \quad (7)$$

Das mittlere Drehmoment D_e des Wechselfeldmotors ist gleich der Summe der Drehmomente der beiden Drehfeldmotoren:

$$D_e = D_I + D_{II} \quad . \quad . \quad . \quad . \quad . \quad . \quad . \quad . \quad . \quad . \quad . \quad (8)$$

Das gibt nach Einführung der Gl. 7 in Gl. 4

$$D_e = C E_{1\mathfrak{z}}^2 \frac{w_2}{\nu} \left[\frac{s}{w_2^2 + s^2(\omega L_{2s})^2} + \frac{s-2}{w_2^2 + (s-2)^2(\omega L_{2s})^2}\right] \quad . \quad (9)$$

[1]) Benischke, „Die asynchronen Drehstrommotoren", § 8.

Hierin kommt also nur mehr die Schlüpfung s des ersten (mitlaufenden) Drehfeldmotors, d. h. die **tatsächliche Schlüpfung des Wechselfeldmotors** vor, so daß man weiterhin die Zerlegung in zwei Drehfeldmotoren fallen lassen kann.

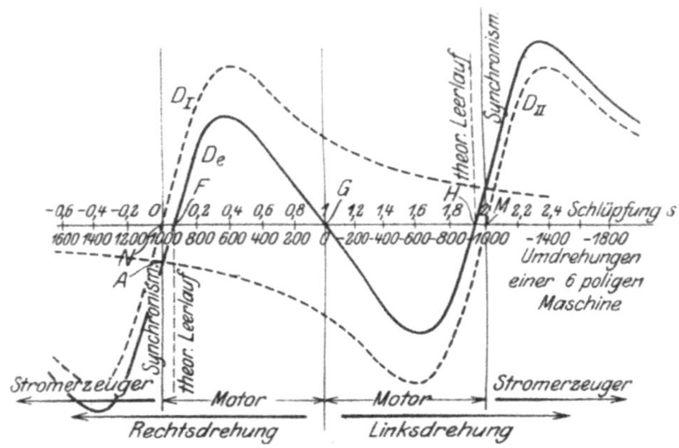

Abb. 86.

In Abb. 86 zeigt D_e das Drehmoment des Wechselfeldmotors in Abhängigkeit von der Schlüpfung s gemäß Gl. 9. Man erhält diese Kurve auch dadurch, daß man die Kurven D_I und D_{II} algebraisch addiert. D_{II} ist nichts anderes als die um zwei Einheiten von s nach rechts verschobene Kurve D_I, wie man aus Gl. 3, 4 und 7 erkennt. Zwischen den Schlüpfungswerten 0 und 1 arbeitet diese Maschine als **Motor** in der einen Drehrichtung, zwischen 1 und 2 in der anderen Drehrichtung; darum erscheint das Drehmoment hier negativ. Die Drehmomentkurve hat rechts und links vom Schlüpfungswert 1 denselben Verlauf, weil die Drehrichtung nur davon abhängt, in welcher Richtung der Läufer vom Stillstand aus angedreht wurde.

Von besonderem Interesse sind jene Werte der Schlüpfung, bei denen das Drehmoment des Wechselfeldmotors null wird, also die Schnittpunkte mit der Abszissenachse. Sie ergeben sich aus

$$\frac{s}{w_2^2 + s^2 (\omega L_{2s})^2} + \frac{s - 2}{w_2^2 (s - 2)^2 (\omega L_{2s})^2} = 0 .$$

Will man hieraus s berechnen, so kommt man zu einer unlöslichen Gleichung 3. Grades. Sie wird aber löslich, wenn man eine andere Veränderliche x einführt, indem man setzt:

$$s = 1 + x . \qquad (10)$$

Dann geht die letzte Gleichung über in

$$x^3 + x\left[\left(\frac{w_2}{\omega L_{2s}}\right)^2 - 1\right] = 0 .$$

Die Wurzeln dieser Gleichung sind:

$$x_1 = -\sqrt{1-\left(\frac{w_2}{\omega L_{2s}}\right)^2}$$

$$x_2 = 0;$$

$$x_3 = +\sqrt{1-\left(\frac{w_2}{\omega L_{2s}}\right)^2}.$$

Also sind gemäß Gl. 10 die drei Schlüpfungswerte, bei denen das Drehmoment Null wird:

$$s_1 = NF = 1 - \sqrt{1-\left(\frac{w_2}{\omega L_{2s}}\right)^2}$$

$$s_2 = NG = 1\;;$$

$$s_3 = NH = 1 + \sqrt{1-\left(\frac{w_2}{\omega L_{2s}}\right)^2}.$$

Daraus geht hervor, daß der Punkt F um so näher an N und der Punkt H um so näher an M rückt, je kleiner der Widerstand w_2 und je größer der induktive Widerstand ωL_{2s} ist. Könnte w_2 gleich null gemacht werden, so würde

$$s_1 = NF = 0$$

$$s_2 = NG = 1$$

$$s_3 = NH = 2$$

werden. In diesem Falle würde also die Drehmomentkurve D_e durch die Punkte N, M gehen.

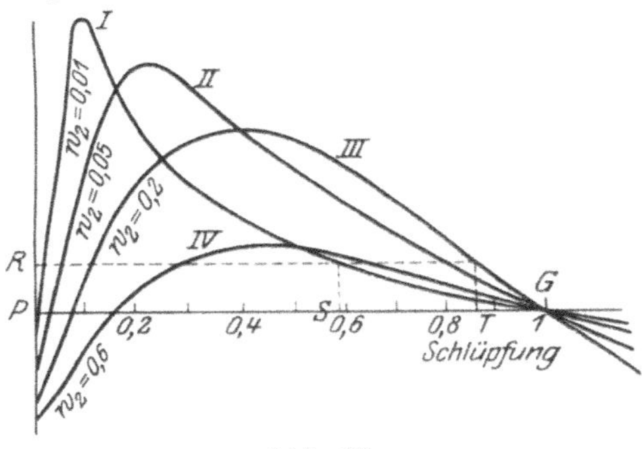

Abb. 87.

Eine besondere Eigentümlichkeit der **Drehfeldmotoren** besteht darin, daß ihr größtes Drehmoment (**Überlastungsfähigkeit**) vom Widerstand w_2 unabhängig ist. Nur die Schlüpfung, bei der dieser größte Wert eintritt, hängt von w_2 ab. Ist $w_2 = \omega L_{2s}$, so tritt dieser größte Wert bei $s = 1$, d. h. beim Stillstand ein[1]). Das alles trifft beim

[1]) Benischke, „Die asynchronen Drehstrommotoren". § 8.

Wechselfeldmotor nicht zu, sondern beim Stillstand ($s = 1$) ist sein Drehmoment immer 0. Sucht man die Maximumsbedingung, indem man Gl. 9 nach s oder nach w_2 differenziert, so ergeben sich verwickelte Ausdrücke. Man erkennt aber, daß die Maxima um so näher an N bzw. M rücken, und um so größer werden, je kleiner w_2 ist. Das erkennt man auch aus Abb. 87, die die Drehmomentkurven für vier verschiedene Werte von w_2 darstellt.

Untersucht man das Verhalten des Wechselfeldmotors bei kleinen Schlüpfungswerten, so kann man s gegen 2 vernachlässigen, und dann geht Gl. 9 über in

$$D_e = C E_{1\delta}^2 \frac{w_2}{\nu} \left[\frac{s}{w_2^2 + s^2 (\omega L_{2s})^2} - \frac{2}{w_2^2 + 4 (\omega L_{2s})^2} \right].$$

Da das erste Glied das Drehmoment eines Drehfeldmotors (Gl. 3) darstellt, das zweite Glied aber konstant ist, so unterscheidet sich in diesem Bereich das Drehmoment des Wechselfeldmotors nur durch ein konstantes Glied von dem eines entsprechenden Drehfeldmotors. Ist w_2^2 nicht allzu groß, so ist der Nenner des zweiten Gliedes groß gegenüber dem des ersten Gliedes bei kleinen Schlüpfungswerten. Dann kann das zweite Glied vernachlässigt werden und es bleibt nur das Drehmoment eines Drehfeldmotors. Das gilt aber andererseits auch nur, wenn die Schlüpfung nicht allzu klein ist. Denn ist diese sehr klein (z. B. kleiner als 0,0001), so ist auch das erste Glied sehr klein, weil s im Zähler steht, und es darf dann das zweite Glied nicht mehr vernachlässigt werden. Die übliche Aussage, daß sich ein Wechselfeld-Induktionsmotor in der Nähe des Synchronismus wie ein Drehfeldmotor verhält, ist daher richtiger so zu fassen: Der Wechselfeld-Induktionsmotor verhält sich in der Nähe seines Leerlaufes wie ein entsprechender Drehfeldmotor, wenn der Ohmsche Widerstand des Läufers klein ist. Zwischen Synchronismus und theoretischem Leerlauf (zwischen N und F in Abb. 86) ist sein Drehmoment negativ, d. h. entgegengesetzt dem beim praktischen Leerlauf.

Den Wert des negativen Drehmomentes NA bei Synchronismus findet man aus Gl. 9, wenn man $s = 0$ setzt. Es ergibt sich

$$NA = -C E_{1\delta}^2 \frac{2 w_2}{\nu [w_2^2 + 4 (\omega L_{2s})^2]}.$$

Dieser Wert hat ein Maximum für $w_2 = 2 \omega L_2$. Bei allen Werten von w_2, die kleiner sind, ist das negative Drehmoment bei Synchronismus um so kleiner, je kleiner w_2 ist.

Es hat sich also ergeben, daß unter sonst gleichen Umständen die Überlastungsfähigkeit um so größer ist, und um so näher am Leerlauf liegt, daß ferner der Leerlauf um so näher am Synchronismus liegt und das negative Drehmoment bei Synchronismus um so kleiner ist, je kleiner der Ohmsche Widerstand des Läufers ist. Natürlich ist dann auch der Stromwärmeverlust im Läufer um so kleiner. Dennoch dürfte man praktisch den Widerstand w_2 nicht beliebig klein machen; denn wie man aus Gl. 9 ersieht, ist für $w_2 = 0$ das Drehmoment bei allen endlichen Werten von s gleich null. Nur für $s = 0$ erhält man den unbestimmten Ausdruck $\frac{0}{0}$, welcher gleich dem größten überhaupt möglichen Drehmoment ist. Die Drehmomentkurve geht für diesen Grenzfall in den Linienzug $NYNG$ der Koordinatenachsen (Abb. 86) über. Praktisch kann der Widerstand natürlich nicht gleich null, aber doch sehr klein gemacht werden. Dann hat das Drehmoment etwa den der Kurve I in Abb. 87 entsprechenden Verlauf. Der ganze praktische Betrieb zwischen Leerlauf und größtem Drehmoment muß sich also in diesem Falle unterhalb des Schlüpfungswertes 0,1 abspielen. Wenn die Schlüpfung einmal diesen Wert übersteigt, so nimmt nun das Drehmoment mit wachsender Schlüpfung (abnehmender Drehzahl) rasch ab und der Motor kommt zum Stillstand. Das ist selbst bei gleichbleibender Belastung möglich, wenn der Stromerzeuger infolge plötzlicher Belastungsverminderung einen Augenblick schneller läuft, wie das bei Bahnbetrieben oft eintreten kann. Während der Beschleunigung nimmt die Periodenzahl zu, und daher wächst während derselben Zeit die Schlüpfung gemäß Gl. 5, weil a_1 der Periodenzahl proportional ist.

Anders bei einem Motor, der der Kurve II entspricht. Da muß die Schlüpfung den Wert 0,23 übersteigen, bevor der Motor zum Stillstand kommt, was infolge von Geschwindigkeitsschwankungen des Stromerzeugers kaum geschehen kann, sondern nur durch Überlastung, die hier allerdings kleiner sein kann als bei einem Motor nach Kurve I. Auch für den Anlauf ist ein sehr kleiner Widerstand w_2 nicht günstig. Will man z. B. einen mit einem Drehmoment PR belasteten Motor mit der Kurve I in Betrieb setzen, so muß man ihn auf die Schlüpfung PS bringen, d. h. man muß ihn durch äußere Hilfsmittel auf eine Umlaufzahl bringen, die den Wert GS übersteigt, während bei einem Motor mit der Kurve III nur die Umlaufzahl GT überschritten zu werden braucht. Die mindestens erforderliche Umlaufzahl ist also um so kleiner, je steiler die Drehmomentkurve von G aus ansteigt. Unter den vier in Abb. 87 gezeichneten Drehmomentkurven ist also III die günstigste für den Anlauf, während I die günstigste hinsichtlich Überlastungsfähigkeit und Stromwärme im Läufer ist. Will man die günstigsten Verhältnisse sowohl für den Anlauf wie für den normalen Betrieb haben, so muß man einen gewickelten Läufer mit Schleifringen wie bei Drehfeldmotoren wählen und so viel Anlaßwiderstand einschalten, daß der für den Anlauf günstigste Wert von w_2 erreicht wird. Beim normalen Betrieb schließt man die Läuferwicklung kurz wie bei Drehfeldmotoren. Übrigens erfolgt das Anlassen der Wechselfeldmotoren in der Regel so, daß sie für den Anlauf in zweiphasige Drehfeldmotoren umgeschaltet werden (§ 42). Dann kann durch einen Anlaßwiderstan das größte Drehmoment auf den Stillstand geschoben werden, wie bei Drehfeldmotoren.

41. Schlüpfung, Leistung und Stromwärme im Läufer.

Zur Herstellung dieser Beziehungen gehen wir zunächst wieder auf den Ersatz des Wechselfeldmotors durch zwei Drehfeldmotoren zurück. Bezeichnen wir die **gesamte mechanische Leistung** (einschließlich Luft- und Lagerreibung) mit P_2, so ist gemäß Gl. 8:

$$P_2 = P_2' + P_2'',$$

wenn wir mit P_2' die Leistung des einen Drehfeldmotors mit dem Drehmoment D_I und mit P_2'' die des andern mit dem Drehmoment D_{II} bezeichnen. Für jeden Drehfeldmotor gilt, daß das Produkt aus Winkelgeschwindigkeit des Läufers und Drehmoment die abgegebene Leistung darstellt.

Mithin gilt für den einen Drehfeldmotor

$$P_2' = a_2 D_I \quad \ldots \ldots \ldots \quad (11)$$

und für den anderen

$$P_2'' = a_2 D_{II} \quad \ldots \ldots \ldots \quad (12)$$

Aus Gl. 11 und 5 folgt für den einen Motor mit der Schlüpfung s:

$$P_2' = a_1 (1 - s) D_I.$$

Aus Gl. 12 und 6 folgt für den anderen Motor mit der Schlüpfung s_g:

$$P_2'' = a_1 (s_g - 1) D_{II}$$

und nach Einsetzung der G. 7:

$$P_2'' = a_1 (1 - s) D_{II}.$$

Mithin ist

$$P_2 = a_1 (1 - s) D_I + a_1 (1 - s) D_{II} = a_1 (1 - s) D_e$$

und nach Einsetzung der Gl. 5:

$$P_2 = a_2 D_e \quad \ldots \ldots \ldots \quad (13)$$

Für die von einem Wechselfeld-Induktionsmotor abgegebene Leistung und sein Drehmoment gilt also dieselbe Beziehung wie bei einem Drehfeldmotor.

Von Wichtigkeit ist noch die Beziehung zwischen dem Stromwärmeverlust in der Läuferwicklung und den Leistungen.

Bezeichnen wir mit V' den Stromwärmeverlust im Läufer des einen Drehfeldmotors, mit V'' den des andern, so ist der Stromwärmeverlust V_e des Wechselfeldmotors

$$V_e = V' + V''.$$

Nun gilt für den einen Drehfeldmotor die bekannte Gleichung

$$V' = \frac{s}{1 - s} P_2'$$

und für den anderen mit der Schlüpfung s_g:

$$V'' = \frac{s_g}{1 - s_g} P_2''$$

oder nach der Einführung der Gl. 7:

$$V'' = -\frac{2 - s}{1 - s} P_2''.$$

Dieser Ausdruck ist für $s < 1$ negativ. Das kommt daher, daß in diesem Bereich das Drehmoment dieses Drehfeldmotors negativ ist. Während sich aber verschiedene Drehmomente je nach ihrer Richtung addieren oder subtrahieren, addieren sich alle Verluste, gleichgültig ob sie von einem positiven oder negativen Drehmoment herrühren, nach ihren absoluten Beträgen. Wir dürfen daher, wenn wir die Summe der Verluste beider Drehfeldmotoren bilden, das negative Vorzeichen des obigen Ausdruckes nicht berücksichtigen[1]). Mithin ist der Stromwärmeverlust des Einphasenmotors

$$V_e = \frac{s}{1 - s} P_2' + \frac{2 - s}{1 - s} P_2''$$

$$V_e = \frac{s(P_2' - P_2'') + 2 P_2''}{1 - s} \quad \ldots \ldots \quad (14)$$

Bei Synchronismus ($s = 0$) ist $V_e = 2 P_2''$. Da der Wechselfeldmotor nur dadurch auf den Syronismus kommen kann, daß er mit Hilfe einer äußeren Kraft schneller als bei praktischem Leerlauf, aber im selben Sinne gedreht wird, d. h. sein negatives Drehmoment NA überwunden wird, so bedeutet P_2'' die zu dieser Drehung erforderliche mechanische Leistung. Die in der Läuferwicklung in Wärme umgesetzte Leistung ist nach obigem doppelt so groß; d. h. es wird auch noch ein Betrag P_2'' aus dem Netz, an das der Motor angeschlossen ist, entnommen und in der Läuferwicklung in Wärme umgesetzt, da diese Maschine bei Synchronismus weder als Motor noch als Stromerzeuger irgend etwas leistet. Dieser Betrag entspricht eben dem negativen Drehmoment NA.

Außer dem Synchronismus haben wir beim Wechselfeldmotor noch einen merkwürdigen Punkt, den theoretischen Leerlauf. Beim

---

[1]) Der Läuferstrom des einen Drehfeldmotors ist J_2'; seine Frequenz bei der Schlüpfung s ist $s\nu$. Der Läuferstrom des anderen Drehfeldmotors ist J_2''; seine Frequenz ist $s_g \nu = (2 - s)\nu$. Die entsprechenden Stromwärmeverluste sind $V' = w_2 J_2'^2$ und $V'' = w_2 J_2''^2$. Denken wir uns den Wechselfeldmotor nicht in zwei getrennte Drehfeldmotoren, sondern nur sein magnetisches Feld in zwei Drehfelder zerlegt, so hat man sich den tatsächlich vorhandenen Läuferstrom J_2 in die zwei Komponenten J_2' und J_2'' mit den angegebenen Frequenzen zerlegt zu denken. Nach einem Grundgesetze ist $J_2^2 = J_2'^2 + J_2''^2$. Mithin auch $w_2 J_2^2 = w_2 J_2'^2 + w_2 J_2''^2$. D. h. der gesamte Stromwärmeverlust im Läufer besteht auch in diesem Falle aus der Summe der den beiden Stromkomponenten entsprechenden Stromwärmeverlusten.

Drehfeldmotor fallen beide zusammen. Der theoretische Leerlauf ist dadurch charakterisiert, daß da der Motor auch nicht einmal die Luft- und Lagerreibung zu überwinden hat, wie beim praktischen Leerlauf[1]). Sein Drehmoment ist hier also 0 (Punkt F in Abb. 86), was nur dadurch möglich ist, daß $P_2' - P_2'' = 0$ ist. Mithin ist beim theoretischen Leerlauf:

$$V_e = \frac{2 P_2''}{1 - s}.$$

Zwischen den Punkten FN (bzw. HM) wird also die gesamte mechanische und elektrische Leistung in Wärme umgesetzt.

Der Stromwärmeverlust im Läufer kann bei Drehfeldmotoren bekanntlich auch durch die vom Ständer auf den Läufer übertragene Leistung P_1 ausgedrückt werden. Danach gilt für den einen unserer Drehfeldmotoren

$$V_1' = s P_1'$$

und für den anderen mit der Schlüpfung s_g

$$V'' = s_g P_1''$$

oder nach Einführung der Gl. 7:

$$V'' = (2 - s) P_1''.$$

Mithin ist der Stromwärmeverlust des Wechselfeldmotors

$$V_e = s (P_1' - P_1'') + 2 P_1''.$$

Bei Synchronismus ($s = 0$) ist $V_e = 2 P_1''$.

Dieses Ergebnis steht mit dem oben für Synchronismus erhaltenen ($V_e = 2 P_2''$) nicht im Widerspruch, weil bei Synchronismus $P_2'' = P_1''$ ist[2]).

Bei Stillstand ($s = 1$) ist $V_e = P_1' + P_1'' = P_1$, d. h. bei Stillstand wird die gesamte vom Ständer auf den Läufer übertragene Leistung P_1 in Wärme umgesetzt, was von vornherein nicht anders zu erwarten war, da der Motor bei Stillstand keine Leistung abgibt.

Da der Wechselfeld-Induktionsmotor bei jeder Drehrichtung ein Drehmoment entwickelt, dessen Richtung mit der Drehrichtung übereinstimmt, so ist es unmöglich, ihn durch Umkehrung der Drehrichtung als Stromerzeuger oder Bremse arbeiten zu lassen, wie es bei den Kommu-

[1]) Der theoretische Leerlauf kann also ebenso wie der Synchronismus nur mittels einer äußeren Kraft, die die Luft- und Lagerreibung überwindet, verwirklicht werden. Bei Synchronismus muß die äußere Kraft außerdem noch das negative Drehmoment PA überwinden.

[2]) Es wurde schon oben gezeigt, daß P_2'' bei Synchronismus jene Leistung darstellt, die von einer äußeren Kraft geleistet werden muß, um den Läufer entgegen seinem negativen Drehmoment PA auf Synchronismus zu bringen. P_2'' ist daher ebenso groß, wie die dem negativen Drehmoment entsprechende, vom Ständer auf den Läufer übertragene Leistung P_1''.

tatormotoren der Fall ist. Wird aber mit Hilfe eines besonderen Antriebes die synchrone Drehzahl (Punkt N in Abb. 86) überschritten, so wird das Drehmoment und gemäß Gl. 13 auch P_2 negativ. Das heißt, P_2 wird nicht mehr von der Maschine aufgenommen, sondern abgegeben. Daß P_2 jetzt nicht mehr in Wärme umgewandelt wird wie in dem Betriebsbereich zwischen den Punkten FN, ergibt sich aus Gl. 14, denn danach wird die in Wärme umgesetzte Leistung mit wachsender negativer Schlüpfung immer kleiner, während P_2 (gemäß Abb. 86) bis zu einem Maximum anwächst. Bei übersynchroner Drehzahl — und zwar sowohl positiver wie negativer — d. h. jenseits der Punkte N und M arbeitet also die Maschine als Stromerzeuger.

42. Das Anlassen.

Da das Drehmoment dieser Motoren bei Stillstand null ist, müssen sie durch besondere Mittel auf eine gewisse Drehzahl gebracht werden. Nur in seltenen Fällen wird das durch mechanische Mittel möglich sein. In den meisten Fällen muß es durch elektrische Mittel geschehen. Solche gibt es zwei.

Anlassen als Drehfeldmotor. Die Ständerwicklung wird als zweiphasige Drehstromwicklung ausgeführt. Dem einen Zweig wird eine Drosselspule D, dem andern ein induktionsloser Widerstand Ω vor-

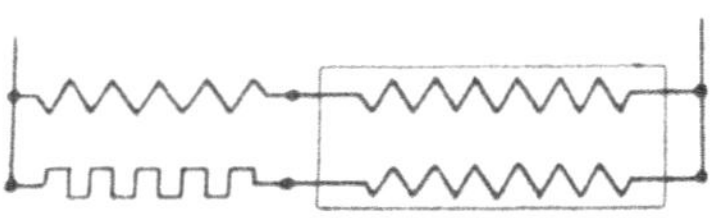

Abb. 88.

geschaltet (Abb. 88), so daß zwischen den Strömen eine beträchtliche Phasenverschiebung besteht und der Motor als zweiphasiger Drehfeldmotor anläuft. Bei großen Motoren, bei denen ein zu großer Einschaltstromstoß vermieden werden soll, wird der Läufer nicht als Kurzschlußkäfig, sondern als zweiphasige Wicklung mit Schleifringen ausgeführt,

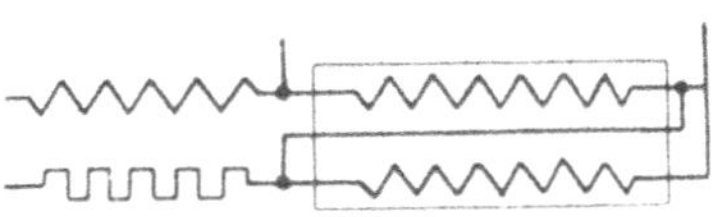

Abb. 89.

damit ein Anlaßwiderstand angeschlossen werden kann. Nach Erreichung der vollen Drehzahl werden mittels eines Umschalters die beiden Wicklungen hintereinander ans Netz angeschlossen (Abb. 89).

Anlassen als Repulsionsmotor. Der Motor muß in diesem Falle wie ein gewöhnlicher Repulsionsmotor beschaffen sein. Soll er nach Erreichung der vollen Drehzahl zu einem Induktionsmotor werden, so muß nach Aufhebung der Bürsten ein kurzgeschlossener Phasenläufer hergestellt werden. Das wird erreicht, wenn mindestens drei um 120° auseinander liegende Punkte gut leitend miteinander verbunden werden. Diese Punkte werden entweder zu Schleifringen geführt und diese kurzgeschlossen, oder die Achse wird hohl ausgeführt und durch sie gehen drei Leiter zu einem Zentrifugalkurzschließer, der nach Überschreitung einer gewissen Drehzahl den Kurzschluß ausführt. Dieser Übergang von einem Repulsionsmotor zu einem Induktionsmotor hat natürlich nur dann einen Zweck, wenn bei stark abnehmender Belastung eine gewisse Drehzahl nicht überschritten werden soll. Als Repulsionsmotor würde er das tun, während er als Induktionsmotor den Synchronismus nicht überschreiten kann.

Eine besondere Anwendung hat der Wechselfeld-Induktionsmotor als sogenannter Phasenumformer zur Erzeugung von Dreiphasenstrom aus Einphasenstrom gefunden, wenn kein Gleichstrom vorhanden ist, so daß ein gewöhnlicher, synchroner Umformer nicht verwendet werden kann[1]). Die Ständerwicklung besteht aus zwei um 90° versetzten Wicklungen, welche an die sekundäre Wicklung eines einphasigen Speisetransformators nach Art der Scottschen Schaltung angeschlossen sind, so daß Dreiphasenstrom abgenommen werden kann. Da wegen dieser Schaltung die vorstehenden Anlaßverfahren nicht angängig sind, sondern ein besonderer Anlaufsmotor (Kommutatormotor) notwendig ist, wird der Läufer als Käfig ausgeführt.

[1]) So zum Betrieb von Bahnen mit Dreiphasenmotoren aus einer einphasigen Fahrleitung. „Elektr. u. Maschinenb." 1919 S. 437.

<u>GPSR Compliance</u>

The European Union's (EU) General Product Safety Regulation (GPSR) is a set of rules that requires consumer products to be safe and our obligations to ensure this.

If you have any concerns about our products, you can contact us on ProductSafety@springernature.com

In case Publisher is established outside the EU, the EU authorized representative is:

Springer Nature Customer Service Center GmbH
Europaplatz 3
69115 Heidelberg, Germany

Batch number: 10682323

Printed by Printforce, the Netherlands